国家提升专业服务产业发展能力建设项目成果
国家骨干高职院校建设项目成果
机械制造与自动化专业

机械设计与应用

主　编　李　敏
副主编　陈铁光　高世杰
参　编　陈　强　王鑫秀　王滨滨
主　审　李　梅　王冬梅

机 械 工 业 出 版 社

本书依据教育部《高等职业学校机械制造与自动化专业教学标准》及《高职高专教育机械设计基础教学基本要求》，将工程力学、机械原理、机械零件等内容融合，进行基于工作过程系统化的课程设计，建立以分析并设计机构、零件为工作任务的学习情境，使学生掌握机构和通用零部件的设计及选用方法，突出培养学生机械分析设计职业能力及创新思维。本书采用大量实际图片，并配有任务单、资讯单、信息单、计划单、作业单、检查单、评价单等教学材料。本书配有多媒体辅助教学资源包，包括电子课件、电子教案、图片库、动画库、视频库、案例库、习题库及习题答案、试卷库、企业案例、学习指导、实训指导等，实现了教材立体化。有需要者可登录网址：http：//218.9.37.98：8138。

本书既可作为机械制造与自动化专业的特色教材，也可作为模具设计与制造、数控技术等专业的特色教材。

图书在版编目（CIP）数据

机械设计与应用/李敏主编．—北京：机械工业出版社，2015.8

国家提升专业服务产业发展能力建设项目成果．国家骨干高职院校建设项目成果．机械制造与自动化专业

ISBN 978-7-111-51195-3

Ⅰ.①机…　Ⅱ.①李…　Ⅲ.①机械设计-高等职业教育-教材

Ⅳ.①TH122

中国版本图书馆 CIP 数据核字（2015）第 199070 号

机械工业出版社（北京市百万庄大街22号　邮政编码 100037）

策划编辑：王海峰　责任编辑：王海峰　武　晋　版式设计：霍永明

责任校对：肖　琳　封面设计：鞠　杨　责任印制：乔　宇

唐山丰电印务有限公司印刷

2016年2月第1版第1次印刷

184mm×260mm · 15.25 印张 · 373 千字

0001—2000 册

标准书号：ISBN 978-7-111-51195-3

定价：33.00元

编写说明

高等职业教育肩负着培养面向生产、建设、服务和管理第一线需要的高素质技术技能型人才的重要使命。在“以就业为导向，以服务为宗旨”的职业教学目标下，基于工作过程的课程开发思想得到了广泛应用，以“工作内容”为依据组织课程内容，以学习性工作任务为载体设计教学活动，是高职教育课程体系改革和教学设计的主流。近年来，高职教育一线教育工作者一直在不断探索高职课程体系、教学模式和教学方法等方面的改革，在基于工作过程的课程开发思想指导下，有关高职教育的课程体系、教学模式和教学方法等改革已经较普遍，但是与该类教学改革实践紧密结合的工学结合特色教材却很少。因此，结合专业课程改革，编写出适用的工学结合特色教材是当前高职教育工作者的一项重要任务和使命。

哈尔滨职业技术学院于2010年11月被确定为国家骨干高职院校建设单位以来，努力在创新办学体制机制，推进校企合作办学、合作育人、合作就业、合作发展的进程中，以专业建设为核心，以课程改革为抓手，以教学条件建设为支撑，全面提升办学水平。哈尔滨职业技术学院的机械制造与自动化专业既是国家骨干高职院校央财支持的重点专业——模具设计与制造专业群中的建设专业，同时也是国家提升专业服务产业发展能力的建设专业，学院按照职业成长规律和认知规律，以服务东北老工业基地为宗旨，与哈尔滨轴承制造有限公司、哈尔滨汽轮机厂有限责任公司、哈尔滨飞机制造有限公司等大型企业合作，将机械制造与自动化专业建成具有引领作用的机械制造领域高素质技术技能型专门人才培养的重要基地。

该专业以专业岗位工作任务和岗位职业能力分析为依据，创新了“校企共育、能力递进、技能对接”人才培养模式，按照以下步骤进行课程开发：企业调研、岗位（群）工作任务和职业能力分析、典型工作任务确定、行动领域归纳、学习领域转换、教学情境设计、行动导向教学实施、教学评价与反馈，构建了基于机械制造工作过程系统化的课程体系，按照工作岗位对知识、能力和素质的要求，全面培养学生的专业能力、方法能力和社会能力。该专业以真实的机械制造工作过程为导向，以典型机械产品和零件为载体开发了7门专业核心课程，采用行动导向、任务驱动的“教学做一体化”教学模式，实现工作任务与学习任务的紧密结合。

该专业课程改革体现出以下特点：企业优秀技术人员参与课程开发；企业提供典型任务案例；学习任务与实际生产工作过程相结合；采用六步教学法，配有任务单、资讯单、信息单、计划单、作业单、检查单、评价单等教学材料，学生在每一步任务的完成过程中，都有反映其成果的可检验材料。

高职教材是教学资源建设的重要组成部分，更是体现高职教育特色的关键，为此学院成立了由职业教育专家、企业技术专家、专业核心课程教师组成的机械制造与自动化专业教材编审委员会。该专业结合课程改革和建设实践，编写了本套工学结合特色教材，由机械工业出版社出版，展示课程改革成果，为更好地推进国家骨干高职院校建设和国家提升专业服务产业发展能力建设及课程改革做出积极贡献！

哈尔滨职业技术学院
机械制造与自动化专业教材编审委员会
2014年8月

前　言

近年来，随着高职教育内涵建设和教学改革的不断深入，高职教育的课程改革也在不断深入进行，并取得了一定的成果。依据机械制造人才培养教学改革需要，建立基于机械制造工作过程系统化的课程体系，以真实的工作任务或实际产品为载体，以校企双方参与课程开发与实施为主要途径，以学生为主体，以教师为主导，以培养学生职业道德、综合职业能力及创业与就业能力为重点，进行课程改革与建设。《机械设计与应用》正是在此思想引导下，采用了基于工作过程系统化的全新教材模式，是结合编者多年课程改革实践成果，在总结高职教育教学经验的基础上，编写而成的具有鲜明高职教育特色的工学结合教学用书。

本书的创新和特色有以下几方面。

1. 校企合作，以学生为主体的教材编写理念

建立校企合作的教材开发队伍，按照机械制造类专业职业岗位群的工作过程和技能要求，与企业技术人员共同制订课程标准，共同编写教材。通过完成相应的学习任务，培养学生机械设计职业能力和创新思维，保证学习的内容就是工作的内容，实现学校和企业紧密结合。

2. 基于工作过程系统化的教材内容和创新编写模式

按照机械设计工作过程要求，以机械行业典型机器“压力机”为载体确定学习情境，将机械产品设计师职业资格取证的内容融入教材，便于学生考取机械产品设计师职业资格证书，体现高职教育特色。

按照行动导向、任务驱动教学模式编写教材，各学习情境开篇编有学习目标、学习任务和情境描述，强调教学内容的实际应用性。每一学习情境下设有若干学习任务，各任务下又有任务描述、任务分析，每个学习任务都按照资讯、计划、决策、实施、检查、评价等教学过程编写教材，并配有任务单、资讯单、信息单、计划单、作业单、检查单、评价单等教学材料，便于学习与评价。

3. 融入近年来机械设计与制造新技术、新工艺、新方法

融入当前国内外机械设计的新理论、新方法、新工艺、新结构、新技术，融入创新设计、绿色设计、和谐设计与系统化设计的内容。贯彻和采用最新技术标准，设计实例采用手册化、表格化的设计流程。

4. 创新教材表现形式，实现教材立体化

教材图文并茂，直观易懂。在工作过程（学习任务）中，采用直观性强的结构图、实物照片、工程图、原理图和一目了然的汇总表格、真实的技能操作。

结合“机械设计与应用”精品资源共享课建设，配备多媒体辅助教学资源包，开发了机械原理虚拟教学资源，提供制作精良的电子课件、电子教案、图片库、动画库、视频库、案例库、习题库及答案、试卷库、设计资料、学习指导、实训指导、教学录像等，拓展学生的知识面，提高学生的自学能力。

5. 适应面宽，适用性强

考虑到高职高专多层次教学的需要，本书在编写过程中尽力做到知识面和内容深度兼

顾，有较广的适应性。本书既可以用于“二合一”（机械原理和机械零件，学习情境1中的任务2可作为择需选用的内容）内容的教学，也可以用于“四合一”（静力学、材料力学、机械原理和机械零件）内容的教学。

本书以机械分析设计能力与创新思维的培养为主线，选取机械行业典型机器“压力机”为教学实施载体，包括机构的设计与选用、传动零部件的设计与选用、轴系零部件的设计与选用、常用联接件的设计与选用、机械系统方案设计等5个学习情境，共16个学习任务。学生在完成任务的过程中掌握机构和零件的设计选用和维护等知识和技能。

本书的编写分工如下：哈尔滨职业技术学院李敏编写学习情境1、学习情境2中的任务2.1~2.3、学习情境3以及学习情境4中的任务4.1、4.3；哈尔滨轴承制造有限公司陈铁光编写学习情境5中的任务5.2；哈尔滨职业技术学院高世杰编写学习情境4中的任务4.2；哈尔滨职业技术学院陈强编写学习情境5任务5.1中的5.1.1~5.1.2；哈尔滨职业技术学院王鑫秀编写学习情境5任务5.1中的5.1.3~5.1.6；王滨滨编写学习情境2中的任务4。全书由哈尔滨职业技术学院李敏任主编并统稿，黑龙江农业工程职业学院李梅、哈尔滨汽轮机厂有限责任公司王冬梅任主审。

教学实施建议：教学参考学时90~110学时，采用“教学做一体化”教学模式，采用引导文法、头脑风暴法、小组讨论法等行动导向教学法。

本书在编写过程中，与有关企业进行合作，得到了企业专家和专业技术人员的大力支持，哈尔滨轴承制造有限公司陈铁光、哈尔滨汽轮机厂有限责任公司王冬梅、哈尔滨农机厂于振滨等对教材提出了许多宝贵意见和建议，在此特向上述人员表示衷心的感谢。课程改革是一个不断探索完善的过程，由于编者水平所限，书中不妥之处在所难免，恳请广大读者提出宝贵意见，我们将及时调整和改进，并表示诚挚的感谢！意见和建议请发往 limin7558_66@163.com，联系电话：0451-86664892。

编　者

目　录

学习情境1

机构的设计与选用

【学习目标】

通过对压力机传动系统中典型机构设计的训练，学生能够掌握压力机传动系统工作原理，能够完成压力机总传动比计算和传动比分配，能够分析和设计压力机中的典型机构。

【学习任务】

1. 压力机传动系统工作分析。
2. 构件的受力分析。
3. 曲柄滑块机构的设计与选用。
4. 凸轮机构的设计与选用。

【情境描述】

压力机是一种机械行业中应用广泛的典型机器，可用于切断、冲孔、落料、弯曲、铆合和成形等工艺，如图1-1所示。压力机传动系统包含曲柄滑块机构和凸轮机构等典型机构，这些机构在机器中的应用具有普遍性和典型性。

本学习情境要完成压力机传动系统典型机构的设计，所需设备（工具）和材料有压力机及其使用说明书、计算器、多媒体等。学生分组制订工作计划并实施，完成压力机传动系统工作分析、构件的受力分析、曲柄滑块机构和凸轮机构的设计等任务，最终完成作业单中的工作内容，掌握机构的设计和选用方法，培养机械设计创新能力。

图1-1　JA21-35型曲柄压力机

任务 1.1　压力机传动系统工作分析

1.1.1　任务描述

压力机传动系统工作分析任务单见表 1-1。

表 1-1　压力机传动系统工作分析任务单

<table>
<tr><td>学习领域</td><td colspan="3">机械设计与应用</td></tr>
<tr><td>学习情境 1</td><td>机构的设计与选用</td><td>学时</td><td>25 学时</td></tr>
<tr><td>任务 1</td><td>压力机传动系统工作分析</td><td>学时</td><td>5 学时</td></tr>
<tr><td colspan="4">布置任务</td></tr>
<tr><td>学习目标</td><td colspan="3">1. 能够分析压力机传动系统的组成和工作原理。
2. 能够根据压力机工作要求选择电动机。
3. 能够完成压力机总传动比计算和传动比分配。
4. 能够正确计算压力机传动系统运动的动力参数。</td></tr>
<tr><td>任务描述</td><td colspan="3">分组完成压力机传动系统的工作分析。曲柄压力机工作时电动机产生的运动通过带轮传动和齿轮传动逐级传递到由曲柄、连杆、滑块等组成的曲柄滑块机构，曲柄的旋转运动转化为滑块的直线往复运动。滑块带动安装在其上的上模上下运动（下模安装在工作台的工作垫板上），完成冲压工艺。压力机工作原理如图 1-2 所示。
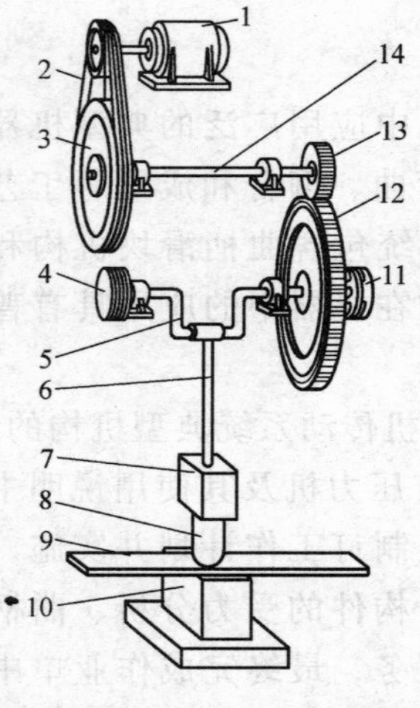

图 1-2　压力机工作原理
1—电动机　2—V 带　3—大带轮　4—制动器　5—曲柄
6—连杆　7—滑块　8—上模　9—板材　10—下模
11—离合器　12—大齿轮　13—小齿轮　14—传动轴</td></tr>
</table>

<table>
<tr><td>任务分析</td><td colspan="6">压力机传动系统主要由电动机、带传动、齿轮传动、曲柄连杆机构、凸轮机构和通用零部件等组成。通过对压力机传动系统的工作分析，掌握压力机的结构和工作原理，选择电动机，计算压力机传动系统运动和动力参数。具体任务如下：
1. 分析压力机的基本结构、工作原理。
2. 分析压力机的技术参数、设计要求。
3. 选择压力机电动机。
4. 完成压力机总传动比计算和传动比分配。
5. 进行压力机传动系统运动和动力参数计算。</td></tr>
<tr><td>学时安排</td><td>资讯
1学时</td><td>计划
0.5学时</td><td>决策
0.5学时</td><td>实施
2学时</td><td>检查
0.5学时</td><td>评价
0.5学时</td></tr>
<tr><td>提供资料</td><td colspan="6">1. 胡家秀. 简明机械零件设计实用手册（第2版）. 北京：机械工业出版社，2012。
2. 李敏. 机械设计与应用. 北京：机械工业出版社，2010。
3. 封立耀. 机械设计基础实例教程. 北京：北京航空航天大学出版社，2007。
4. 孟玲琴. 机械设计基础课程设计. 北京：北京理工大学出版社，2013。
5. 压力机使用说明书。
6. 压力机安全技术操作规程。
7. 机械设计技术要求。</td></tr>
<tr><td>对学生的要求</td><td colspan="6">1. 能对任务书进行分析，能正确理解和描述目标要求。
2. 具有独立思考、善于提问的学习习惯。
3. 具有查询资料和市场调研能力，具备严谨求实和开拓创新的学习态度。
4. 能执行企业“5S”质量管理体系要求，具备良好的职业意识和社会能力。
5. 具备一定的观察理解和判断分析能力。
6. 具有团队协作、爱岗敬业的精神。
7. 具有一定的创新思维和勇于创新的精神。
8. 按时、按要求上交作业，并列入考核成绩。</td></tr>
</table>

1.1.2 资讯

1. 压力机传动系统工作分析资讯单（表 1-2）

表 1-2 压力机传动系统工作分析资讯单

学习领域	机械设计与应用		
学习情境 1	机构的设计与选用	学时	25 学时
任务 1	压力机传动系统工作分析	学时	5 学时
资讯方式	学生根据教师给出的资讯引导进行查询解答		
资讯问题	1. 曲柄压力机由哪几部分组成？ 2. 压力机的技术性能指标有哪些？ 3. 曲柄压力机是如何实现冲压工作的？ 4. 曲柄压力机传动系统由哪几部分组成？ 5. 曲柄压力机传动系统中各机构、构件、零件名称及其运动传递关系如何？ 6. 如何分配压力机的各级传动比？ 7. 如何计算压力机各级传动的运动和动力参数？		
资讯引导	1. 问题 1 可参考信息单信息资料第一部分内容。 2. 问题 2 可参考信息单信息资料第二部分内容。 3. 问题 3 可参考信息单信息资料第三部分内容。 4. 问题 4 可参考信息单信息资料第四部分内容。 5. 问题 5 可参考信息单信息资料第四部分内容。 6. 问题 6 可参考信息单信息资料第五部分内容、胡家秀主编的《简明机械零件设计实用手册》第 333—334 页和《机械设计手册》有关传动部分。 7. 问题 7 可参考信息单信息资料第五部分内容、胡家秀主编的《简明机械零件设计实用手册》第 333—334 页和《机械设计手册》有关传动部分。		

2. 压力机传动系统工作分析信息单（表 1-3）

表 1-3　压力机传动系统工作分析信息单

学习领域	机械设计与应用		
学习情境 1	机构的设计与选用	学时	25 学时
任务 1	压力机传动系统工作分析	学时	5 学时
序号	信息资料		
一	压力机的整体结构分析		

曲柄压力机一般由五部分组成：工作机构、传动系统、操纵系统、能源系统、支承部分，如图 1-3 所示。

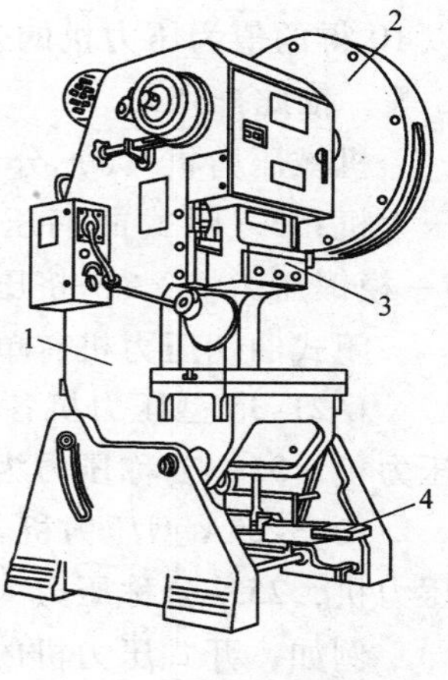

图 1-3　曲柄压力机组成

1—机身　2—传动系统　3—滑块　4—脚踏板

1. 工作机构

工作机构即曲柄滑块机构，它由曲柄、连杆、滑块组成。曲柄是压力机的最主要部分，它的强度决定压力机的冲压能力；连杆是连接件，它的两端与曲柄、滑块铰接；装有上模的滑块是执行元件，最终实现冲压动作。输入的动力通过曲柄旋转，带动连杆摆动。最终曲柄的旋转运动转化成滑块沿着固定在机身上导轨的往复直线运动。

2. 传动系统

传动系统包括带传动和齿轮传动等机构，起能量传递作用和速度转换作用。

3. 操纵系统

操纵系统包括离合器、制动器和操纵机构。离合器和制动器对控制压力机的间歇冲压起重要作用，同时又是安全保证的关键所在。其中，离合器的结构对某些安全装置的设置产生直接的影响。

4. 能源系统

能源系统包括电动机和飞轮等。飞轮能将电动机空行程运转时的能量储存起来，在冲压时再释放出来。

5. 支承部分

支承部分包括机身、工作台等，它把压力机所有部分连接成一个整体，承受全部工作变形力和各种装置的重力，并保证整机所要求的刚度和强度。

除以上部分外，压力机还包括多种辅助设备和系统，如润滑系统、气路及电气控制系统等。

曲柄压力机结构如图 1-4 所示。

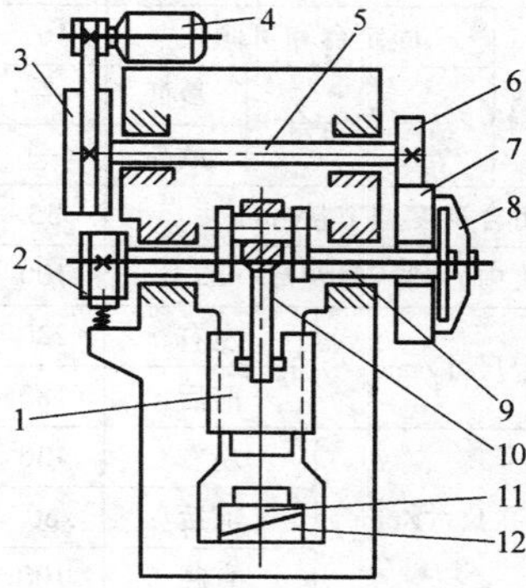

图 1-4　曲柄压力机结构

1—滑块　2—制动器　3—带轮　4—电动机　5—传动轴　6—小齿轮　7—大齿轮（兼飞轮）　8—离合器　9—曲轴　10—连杆　11—工作台　12—垫块

二	压力机的技术性能分析

1. 压力机的主要技术参数

①公称压力（kN）；②滑块行程；③滑块行程次数；④闭合高度；⑤最大装模高度；⑥工作台板面积；⑦滑块底面积；⑧工作台孔尺寸；⑨立柱间距和喉口深度；⑩电动机功率；⑪模柄孔尺寸。

2. 型号含义

冲压设备型号用汉语拼音字母和数字表示。

分类代码＋变型代码（次要参数与基本型号有所区别，依据设计次数命名为 A、B、C 等，依次排列）＋类别(数字)＋组别(数字)＋“-”＋公称压力代码（用数字表示，乘以 10 得的值为压力机的公称压力，单位为 kN）＋改良代号（依据改良次数命名为 A、B、C 等，依此排列）。

机械压力机（J）分 9 类：分别用数字 1～9 表示。1—单柱偏心压力机；2—开式双柱压力机；3—闭式曲柄压力机；4—拉伸压力机；5—摩擦压力机；6—粉末制品压力机；7—模锻压力机；8—挤压压力机；9—专门压力机。

闭式曲柄压力机有单点（1）、双点（6）、四点（9）式。

JA21-35 型压力机各参数的含义：J—机械压力机，A—第一次变型，21—开式固定台压力机，35—公称压力为 350kN。

JB23-25A 型压力机各参数的含义：J—机械压力机，B—第二次变型，23—开式可倾压力机，25—公称压力为 250kN，A—第一次改进。

例如，开式压力机的主要技术参数见表 1-3-1。

表 1-3-1　开式压力机的主要技术参数

公称压力/kN			40	63	100	160	250	400	630	800	1000	1250
达到公称压力时滑块离下死点的距离/mm			3	3.5	4	5	6	7	8	9	10	10
滑块行程/mm			40	50	60	70	80	100	120	130	140	140
行程次数/(次/min)			200	160	135	115	100	80	70	60	60	50
最大闭合高度/mm	固定台和可倾式		167	170	18	220	250	300	360	380	400	430
	活动固定台	最低	—	—	300	360	400	460	480	500	—	—
		最高	—	—	160	180	200	220	240	260	—	—
闭合高度调节量/mm			35	40	50	60	70	80	90	100	110	120
滑块中心到床身距离/mm			100	110	120	160	190	220	260	290	320	350
工作台尺寸/mm		左右	280	315	360	450	560	630	710	800	900	970
		前后	180	200	240	300	360	420	480	540	600	650
工作台孔尺寸/mm		左右	130	150	180	220	260	300	340	380	420	460
		前后	60	70	90	110	130	150	180	210	230	250
		直径	100	110	130	160	180	200	30	260	300	340
模柄孔尺寸 $\frac{直径}{mm}\times\frac{深度}{mm}$			$\phi30\times50$				$\phi50\times70$			$\phi60\times75$		
工作台板厚度/mm			35	40	50	60	70	80	90	100	110	120
倾斜角(可倾式工作台压力机)/(°)			30	30	30	30	30	30	30	30	25	25

三	压力机的工作原理分析

压力机是一种机械行业中应用广泛的典型机器，可用于切断、冲孔、落料、弯曲、铆合和成形等工艺，通过对金属坯件施加强大的压力，使金属发生塑性变形和断裂从而加工成形零件。曲柄压力机的外形如图 1-5 所示。

以 JA21-35 型曲柄压力机为例，其组成及工作原理如图 1-6 所示。工作时，电动机产生的运动由带传动传递给大带轮，再经过齿轮传动传递给离合器 6（离合器控制曲柄 7 与齿轮运动的开与合），离合器把运动传递给曲柄。连杆 8 上端装在曲柄上，下端与滑块 9 连接，把曲轴的旋转运动转变为滑块的直线往复运动。模具的上模装在滑块上，下模装在工作台上，因此当材料放在上、下模之间时，即能进行冲裁及其他冲压成形工艺。由于生产工艺的需要，滑块有时运动，有时停止，所以除离合器外，在曲柄末端还装有制动器 3。压力机在整个工作周期内进行工艺操作的时间很短，为了使电动机的负荷均匀，有效地利用能量，压力机中装有飞轮，但一般大带轮即起飞轮作用。

图 1-5　曲柄压力机的外形

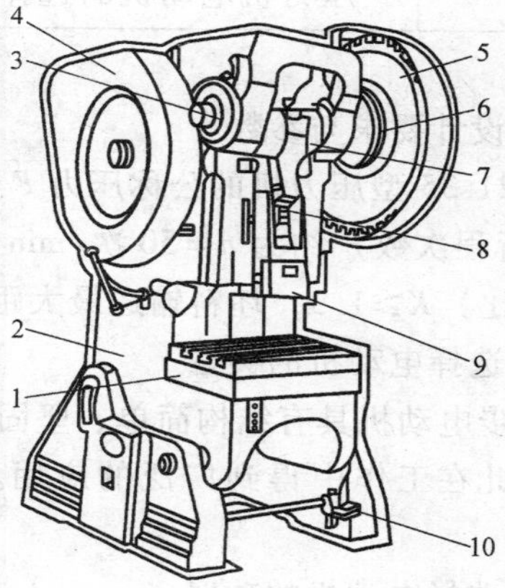

图 1-6　JA21-35 型曲柄压力机组成及工作原理

1—工作台　2—床身　3—制动器　4—安全罩　5—齿轮
6—离合器　7—曲柄　8—连杆　9—滑块　10—脚踏板

四	压力机机械传动系统工作过程分析

如图 1-7 所示，JA21-35 型压力机的机械传动系统工作时，电动机 1 产生的运动通过传动带传递给大带轮 2，再经过小齿轮 3、大齿轮 4 传递给离合器 5（离合器控制曲柄与齿轮 4 运动的开与合）。离合器把运动传给曲柄，连杆 6 上端装在曲柄上，下端与滑块 7 连接，把曲柄的旋转运动变为滑块的直线往复运动。

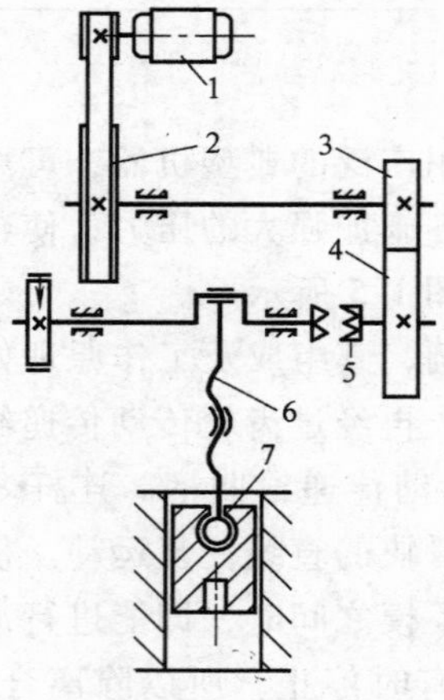

图 1-7　JA21-35 型压力机的机械传动系统

1—电动机　2—大带轮　3、4—齿轮　5—离合器　6—连杆　7—滑块

五	压力机电动机的选择及传动比分配

1. 设计要求与参数

JA21-35 型压力机的公称压力 $F=350\text{kN}$，滑块行程 $H=130\text{mm}$，压力成形制品生产率（滑块行程次数）约为 $n=50$ 次/min，行程速比系数（冲头回程平均速度与冲头下冲平均速度之比）$K\geqslant1.3$，坯料输送最大距离为 200mm。

2. 选择电动机的类型

异步电动机具有结构简单、坚固、运行方便、可靠、容易控制与维护、价格便宜等优点，因此在工作中得到广泛的应用。目前，开式曲柄压力机常用三相笼型转子异步电动机。

3. 选择电动机的功率

压力机所需的电动机输出功率为

$$P_d=\frac{P_w}{\eta}$$

冲压工作部分所需功率 P_w（kW）为

$$P_w=\frac{Fv}{\eta_w}$$

式中　η_w——冲压工作部分效率，η_w 取 0.97；

F——压力机公称压力（kN）；

v——冲压工作部分速度（m/s）。

由电动机至工作机之间的总效率（包括工作机效率）η 为

$$\eta=\eta_1\eta_2\eta_3\eta_4$$

式中　η_1、η_2、η_3、η_4——传动装置中联轴器、带传动、齿轮传动、滑动轴承的效率。查设计手册可知，$\eta_1=0.97$、$\eta_2=0.96$、$\eta_3=0.95$、$\eta_4=0.97$。

故有

$$\eta\eta_w=0.97\times0.96\times0.95\times0.97\times0.97=0.83$$

$$P_d=\frac{Fv}{\eta_w\eta}=\frac{350\times0.13\times50}{0.83\times60}\text{kW}=45.7\text{kW}$$

为减小电动机的功率，在传动系统中设置了飞轮。在曲柄压力机传动中，飞轮的惯性拖动的转矩占总转矩的85%以上，所以所需电动机的输出功率为

$$P_d=45.7\text{kW}\times15\%=6.86\text{kW}$$

4. 确定电动机的转速 n_d

曲柄的工作转速为50r/min，带传动的传动比范围为2~4，单级齿轮传动的传动比范围为3~5，则合理的总传动比的范围为6~20，故电动机转速的可选范围为300~1000r/min。

综合考虑电动机和传动装置的尺寸、重量及带传动和压力机的传动比，选择电动机的型号为Y160L-8，额定功率为7.5kW，同步转速为720r/min，满载转速为750r/min。

5. 计算总传动比和分配传动比

JA21-35型压力机的总传动比

$$i=720/50=14.4$$

JA21-35型压力机的传动级数为二级：V带传动比为3.6，齿轮传动的传动比为4。

6. 计算传动装置的运动和动力参数

计算各轴转速、各轴输入功率、各轴输入转矩。压力机传动系统运动和动力参数见表1-3-2。

表1-3-2　压力机传动系统运动和动力参数

参数 \ 轴名	电动机轴	Ⅰ轴	Ⅱ轴	曲柄
转速 n/(r/min)	720	720	200	50
输入功率 P/kW	7.5	7.28	6.77	6.18
输入转矩 T/(N·m)	99.5	96.5	223.27	1080.38
传动比 i	1	3.6	4	

1.1.3 计划

根据任务内容制订小组任务计划，简要说明任务实施过程的步骤及注意事项，将计划内容等填入压力机传动系统工作分析计划单，见表 1-4。

表 1-4 压力机传动系统工作分析计划单

学习领域	机械设计与应用		
学习情境 1	机构的设计与选用	学时	25 学时
任务 1	压力机传动系统工作分析	学时	5 学时
计划方式	由小组讨论制订完成本小组实施计划		
序号	实施步骤		使用资源
制订计划说明			
计划评价	评语：		
班级		第　　组	组长签字	
教师签字		日期	

1.1.4 决策

各小组之间讨论工作计划的合理性和可行性，选定合适的工作计划，进行决策，填写压力机传动系统工作分析决策单，见表 1-5。

表 1-5 压力机传动系统工作分析决策单

<table>
<tr><td>学习领域</td><td colspan="7">机械设计与应用</td></tr>
<tr><td>学习情境 1</td><td colspan="5">机构的设计与选用</td><td>学时</td><td>25 学时</td></tr>
<tr><td>任务 1</td><td colspan="5">压力机传动系统工作分析</td><td>学时</td><td>5 学时</td></tr>
<tr><td colspan="6">方案讨论</td><td>组号</td><td></td></tr>
<tr><td rowspan="16">方案决策</td><td>组别</td><td>步骤顺序性</td><td>步骤合理性</td><td>实施可操作性</td><td>选用工具合理性</td><td colspan="2">原因说明</td></tr>
<tr><td>1</td><td></td><td></td><td></td><td></td><td colspan="2"></td></tr>
<tr><td>2</td><td></td><td></td><td></td><td></td><td colspan="2"></td></tr>
<tr><td>3</td><td></td><td></td><td></td><td></td><td colspan="2"></td></tr>
<tr><td>4</td><td></td><td></td><td></td><td></td><td colspan="2"></td></tr>
<tr><td>5</td><td></td><td></td><td></td><td></td><td colspan="2"></td></tr>
<tr><td>1</td><td></td><td></td><td></td><td></td><td colspan="2"></td></tr>
<tr><td>2</td><td></td><td></td><td></td><td></td><td colspan="2"></td></tr>
<tr><td>3</td><td></td><td></td><td></td><td></td><td colspan="2"></td></tr>
<tr><td>4</td><td></td><td></td><td></td><td></td><td colspan="2"></td></tr>
<tr><td>5</td><td></td><td></td><td></td><td></td><td colspan="2"></td></tr>
<tr><td>1</td><td></td><td></td><td></td><td></td><td colspan="2"></td></tr>
<tr><td>2</td><td></td><td></td><td></td><td></td><td colspan="2"></td></tr>
<tr><td>3</td><td></td><td></td><td></td><td></td><td colspan="2"></td></tr>
<tr><td>4</td><td></td><td></td><td></td><td></td><td colspan="2"></td></tr>
<tr><td>5</td><td></td><td></td><td></td><td></td><td colspan="2"></td></tr>
<tr><td>方案评价</td><td colspan="7">评语：（根据组内的决策，对照计划进行修改并说明修改原因）</td></tr>
<tr><td>班级</td><td></td><td>组长签字</td><td></td><td>教师签字</td><td></td><td colspan="2">月　日</td></tr>
</table>

1.1.5 实施

1. 实施准备

任务实施准备主要有场地准备、教学仪器（工具）准备、资料准备，见表1-6。

表1-6 压力机传动系统工作分析实施准备

场地准备	教学仪器（工具）准备	资料准备
机械设计实训室	压力机	1. 李敏. 机械设计与应用. 北京：机械工业出版社，2010。 2. 封立耀. 机械设计基础实例教程. 北京：北京航空航天大学出版社，2007。 3. 压力机使用说明书。 4. 压力机安全技术操作规程。 5. 机械设计技术要求。

2. 实施任务

依据计划步骤实施任务，并完成作业单的填写。压力机传动系统工作分析作业单见表1-7。

表1-7 压力机传动系统工作分析作业单

学习领域	机械设计与应用		
学习情境1	机构的设计与选用	学时	25学时
任务1	压力机传动系统工作分析	学时	5学时
作业方式	小组分析，个人解答，现场批阅，集体评判		
1	根据压力机使用说明书，说明压力机传动系统的组成及压力机工作原理。		
作业解答：			

2	说明压力机的技术性能指标及主要设计参数。
作业解答：	
3	完成压力机总传动比计算和传动比分配。相关参数和数据：JA21-63型压力机公称压力 $F=630\text{kN}$，滑块行程 $H=120\text{mm}$，压力成形制品生产率（滑块行程次数）约为 $n=70$ 件/min，行程速比系数（冲头回程平均速度与冲头下冲平均速度之比）$K\geqslant1.3$，主电动机功率为5.5kW。
作业解答：	
作业评价：	

班级		组别		组长签字	
学号		姓名		教师签字	
教师评分		日期			

1.1.6 检查评价

学生完成本学习任务后，应展示的结果有完成的计划单、决策单、作业单、检查单、评价单。

1. 压力机传动系统工作分析检查单（表 1-8）

表 1-8 压力机传动系统工作分析检查单

<table>
<tr><td>学习领域</td><td colspan="6">机械设计与应用</td></tr>
<tr><td>学习情境 1</td><td colspan="4">机构的设计与选用</td><td>学时</td><td>25 学时</td></tr>
<tr><td>任务 1</td><td colspan="4">压力机传动系统工作分析</td><td>学时</td><td>5 学时</td></tr>
<tr><td>序号</td><td colspan="2">检查项目</td><td colspan="2">检查标准</td><td>学生自查</td><td>教师检查</td></tr>
<tr><td>1</td><td colspan="2">任务书阅读与分析能力，正确理解及描述目标要求</td><td colspan="2">准确理解任务要求</td><td></td><td></td></tr>
<tr><td>2</td><td colspan="2">与同组同学协商，确定人员分工</td><td colspan="2">较强的团队协作能力</td><td></td><td></td></tr>
<tr><td>3</td><td colspan="2">资料的查阅、分析和归纳能力</td><td colspan="2">会查找相关资料，具有较强的资料检索能力和分析总结能力</td><td></td><td></td></tr>
<tr><td>4</td><td colspan="2">压力机总传动比的计算和分配</td><td colspan="2">总传动比计算正确，各级传动比分配合理</td><td></td><td></td></tr>
<tr><td>5</td><td colspan="2">压力机传动系统运动和动力参数计算</td><td colspan="2">各轴运动和动力参数计算步骤正确，计算结果准确</td><td></td><td></td></tr>
<tr><td>6</td><td colspan="2">安全生产与环保</td><td colspan="2">符合“5S”要求</td><td></td><td></td></tr>
<tr><td>7</td><td colspan="2">常见问题分析诊断能力</td><td colspan="2">问题判断准确，处理得当</td><td></td><td></td></tr>
<tr><td>检查评价</td><td colspan="6">评语：</td></tr>
<tr><td>班级</td><td></td><td>组别</td><td></td><td>组长签字</td><td colspan="2"></td></tr>
<tr><td>教师签字</td><td colspan="3"></td><td>日期</td><td colspan="2"></td></tr>
</table>

2. 压力机传动系统工作分析评价单（表 1-9）

表 1-9　压力机传动系统工作分析评价单

学习领域	机械设计与应用				
学习情境 1	机构的设计与选用		学时		25 学时
任务 1	压力机传动系统工作分析		学时		5 学时
评价类别	评价项目	子项目	个人评价	组内互评	教师评价
专业能力（60%）	资讯（8%）	搜集信息（4%）			
		引导问题回答（4%）			
	计划（5%）	计划可执行度（5%）			
	实施（12%）	工作步骤执行（3%）			
		功能实现（3%）			
		质量管理（2%）			
		安全保护（2%）			
		环境保护（2%）			
	检查（10%）	全面性、准确性（5%）			
		异常情况排除（5%）			
	过程（15%）	使用工具规范性（7%）			
		操作（分析设计）过程规范性（8%）			
	结果（5%）	结果质量（5%）			
	作业（5%）	作业质量（5%）			
社会能力（20%）	团结协作（10%）	对小组的贡献（5%）			
		小组合作配合状况（5%）			
	敬业精神（10%）	吃苦耐劳精神（5%）			
		学习纪律性（5%）			
方法能力（20%）	计划能力（10%）				
	决策能力（10%）				
评价评语	评语：				
班级		组别	学号		总评
教师签字		组长签字		日期	

1.1.7 实践中常见问题解析

1. 曲柄压力机的负载属于冲击负载，即在一个工作周期内只在较短的时间内承受工作负载，而较长的时间是空程运转。若依据此短暂的工作时间来选择电动机的功率，则电动机的功率将会很大。为减小电动机的功率，在传动系统中设置了飞轮，这样电动机功率可以大大减小。

2. 压力机的传动级数与电动机的转速和滑块的行程次数有关。行程次数低，总传动比大，传动级数可多些，一般不超过四级。

3. 各级传动比的分配要恰当，通常V带传动的传动比不超过6~8，齿轮传动不超过7~9。分配传动比时，要保证飞轮有适当的转速，也要注意布置尽可能紧凑。

任务1.2 构件的受力分析

1.2.1 任务描述

构件的受力分析任务单见表1-10。

表1-10 构件的受力分析任务单

<table>
<tr><td>学习领域</td><td colspan="3">机械设计与应用</td></tr>
<tr><td>学习情境1</td><td>机构的设计与选用</td><td>学时</td><td>25学时</td></tr>
<tr><td>任务2</td><td>机构的设计与选用</td><td>学时</td><td>6学时</td></tr>
<tr><td colspan="4">布置任务</td></tr>
<tr><td>学习目标</td><td colspan="3">1. 能够绘制机构中构件的受力图。
2. 能够根据平面力系的计算方法计算构件的受力。</td></tr>
<tr><td>任务描述</td><td colspan="3">完成压力机曲柄滑块机构受力分析，并计算当连杆与水平线夹角 $\gamma=20°$ 时，曲柄滑块机构中连杆和滑块的受力。参数和已知条件：冲头所受垂直向上阻力为 F（公称压力350kN），忽略摩擦和物体自重。压力机曲柄滑块机构如图1-8所示。
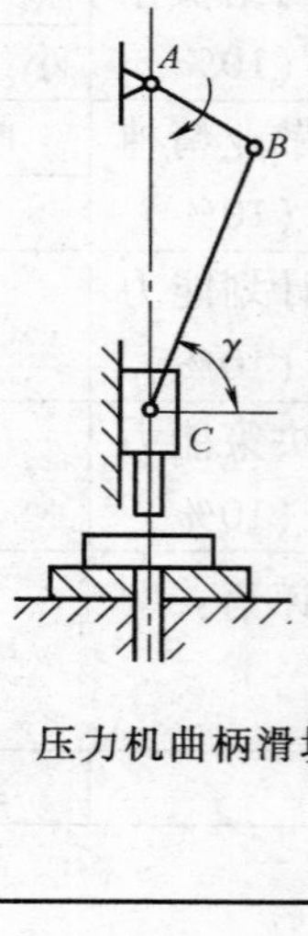

图1-8 压力机曲柄滑块机构</td></tr>
</table>

<table>
<tr><td>任务分析</td><td colspan="6">压力机中包含了各种典型机构和机械零件，这些机构在应用中具有普遍性和典型性，通过曲柄滑块机构的受力分析，学会绘制构件受力图，进而计算构件受力。具体任务如下：
1. 绘制曲柄滑块机构中连杆、滑块的受力图。
2. 计算曲柄滑块机构的连杆、滑块受力。</td></tr>
<tr><td>学时安排</td><td>资讯
2 学时</td><td>计划
0.5 学时</td><td>决策
0.5 学时</td><td>实施
2 学时</td><td>检查
0.5 学时</td><td>评价
0.5 学时</td></tr>
<tr><td>提供资料</td><td colspan="6">1. 胡家秀. 简明机械零件设计实用手册（第 2 版）. 北京：机械工业出版社，2012。
2. 李敏. 机械设计与应用. 北京：机械工业出版社，2010。
3. 封立耀. 机械设计基础实例教程. 北京：北京航空航天大学出版社，2007。
4. 孟玲琴. 机械设计基础课程设计. 北京：北京理工大学出版社，2013。
5. 压力机使用说明书。
6. 压力机安全技术操作规程。
7. 机械设计技术要求。</td></tr>
<tr><td>对学生的要求</td><td colspan="6">1. 能对任务书进行分析，能正确理解和描述目标要求。
2. 具有独立思考、善于提问的学习习惯。
3. 具有查询资料和市场调研能力，具备严谨求实和开拓创新的学习态度。
4. 能执行企业“5S”质量管理体系要求，具备良好的职业意识和社会能力。
5. 具备一定的观察理解和判断分析能力。
6. 具有团队协作、爱岗敬业的精神。
7. 具有一定的创新思维和勇于创新的精神。
8. 按时、按要求上交作业，并列入考核成绩。</td></tr>
</table>

1.2.2 资讯

1. 构件的受力分析资讯单（表 1-11）

表 1-11 构件的受力分析资讯单

学习领域	机械设计与应用		
学习情境 1	机构的设计与选用	学时	25 学时
任务 2	构件的受力分析	学时	6 学时
资讯方式	学生根据教师给出的资讯引导进行查询解答		
资讯问题	1. 什么是约束和约束力？ 2. 约束有哪些类型？ 3. 绘制构件受力图的步骤是什么？ 4. 怎样绘制连杆、滑块的受力图？ 5. 如何解算平面汇交力系和平面一般力系？ 6. 如何计算压力机曲柄滑块机构中的滑块和连杆受力？		
资讯引导	1. 问题 1 可参考信息单信息资料第一部分内容和李敏主编的《机械设计与应用》第 11—13 页。 2. 问题 2 可参考信息单信息资料第一部分内容和李敏主编的《机械设计与应用》第 11—13 页。 3. 问题 3 可参考信息单信息资料第二部分内容和李敏主编的《机械设计与应用》第 13—14 页。 4. 问题 4 可参考信息单信息资料第二部分内容和李敏主编的《机械设计与应用》第 13—14 页。 5. 问题 5 可参考信息单信息资料第三部分内容和李敏主编的《机械设计与应用》第 16—24 页。 6. 问题 6 可参考信息单信息资料第三部分内容和李敏主编的《机械设计与应用》第 16—24 页。		

2. 构件的受力分析信息单（表 1-12）

表 1-12　构件的受力分析信息单

学习领域	机械设计与应用		
学习情境 1	机构的设计与选用	学时	25 学时
任务 2	构件的受力分析	学时	6 学时
序号	信息资料		
一	约束力的绘制		

作用于物体上的力分为主动力和约束力。主动力包括重力和载荷，约束力是指作用于被约束物体上的力。

1. 约束

约束是对物体的运动或运动趋势所施加的限制。

2. 约束力

约束受到被约束物体的作用力，约束也必然会给物体一反作用力，此即为约束力。约束力的方向与约束所限制的运动方向相反。

3. 约束的类型

（1）柔性约束　柔性约束是指由绳索、带、链条等对物体所构成的约束。

约束力的方向：总是沿着柔体的中心线指离物体，如图 1-9 所示。

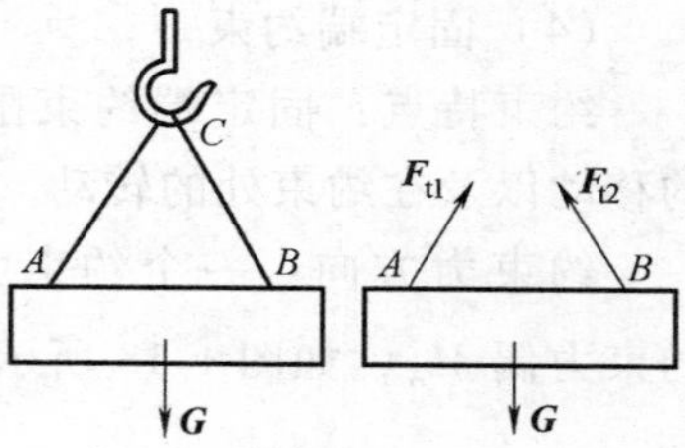

图 1-9　柔性约束

（2）光滑面约束　光滑面约束是指光滑平面或曲面对物体所构成的约束。

约束特点：只能限制物体沿接触处的法线方向而朝向支承面内的运动，不能限制物体离开支承处或沿其他方向的运动。

约束力方向：通过接触点沿接触处法线，指向被约束的物体，如图 1-10 所示。

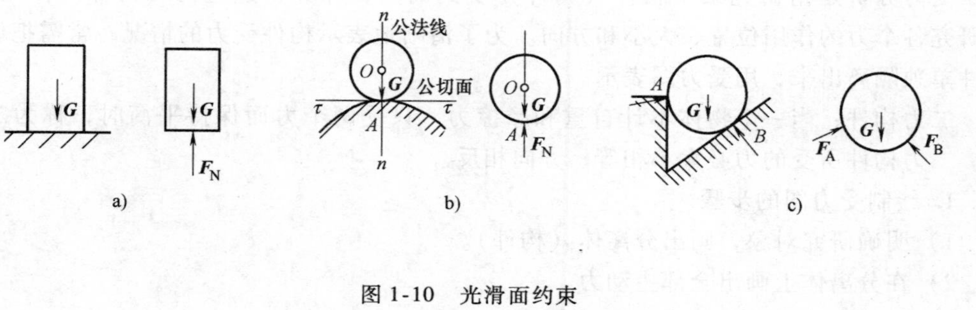

图 1-10　光滑面约束

a）平面约束　b）圆弧面约束　c）点约束

（3）光滑铰链约束　光滑铰链约束是指由铰链构成的约束。

1）固定铰链支座和中间铰链约束。

约束特点：限制被约束物体间的相对移动，但不限制物体绕销孔轴线的相对转动。

约束力方向：约束力作用线通过铰链中心，方向待定，通常用两个正交力 $\boldsymbol{F}_x$、$\boldsymbol{F}_y$ 来表示，如图 1-11 和图 1-12 所示。

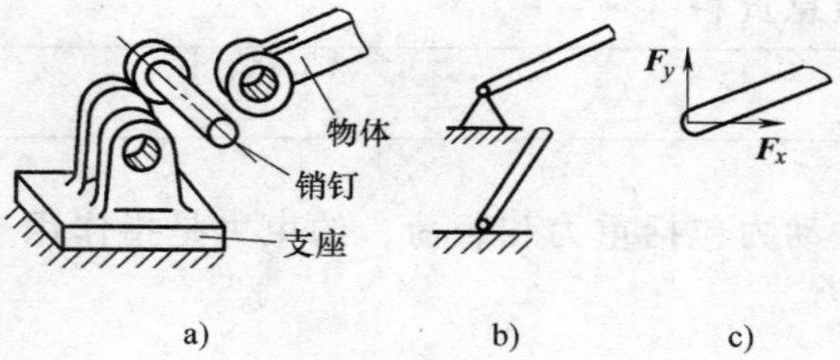

图 1-11　固定铰链支座约束

a）结构图　b）简图　c）约束力

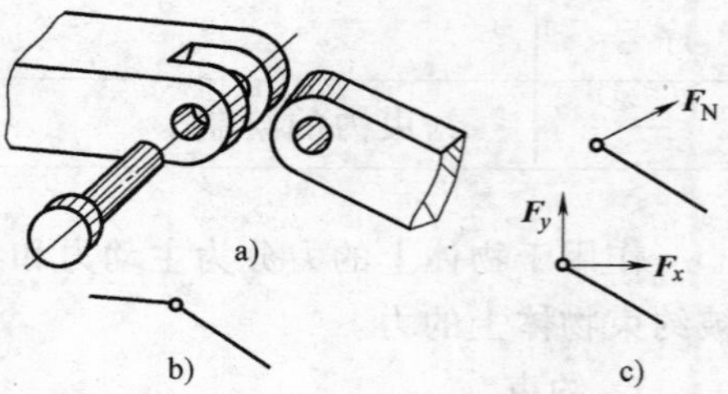

图 1-12　中间铰链约束

a）结构图　b）简图　c）约束力

2）活动铰链支座。

约束特点：只能限制物体沿支承面法线方向的运动，而不能限制切线方向的运动。

约束力方向：垂直于支承面通过铰链中心指向物体。

（4）固定端约束

约束特点：固定端约束限制任何方向的移动以及在约束处的转动。

约束力方向：一个约束力 $\boldsymbol{F}_\mathrm{N}$ 和一个约束力偶 M_A，如图 1-13 所示。

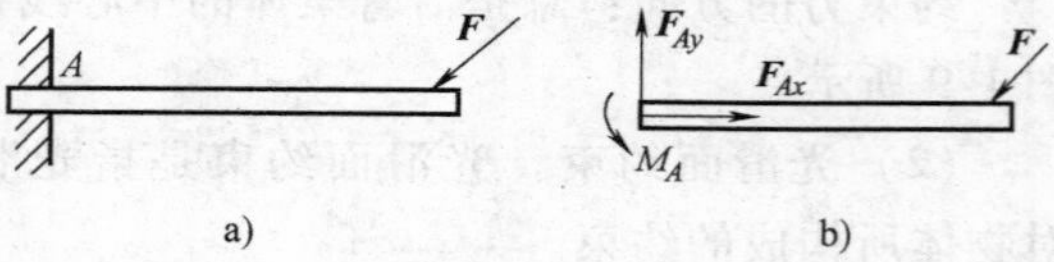

图 1-13　固定端约束

a）结构图　b）约束力

二　构件受力图的绘制

受力分析是指研究某个物体（构件）受到的力，并分析这些力对构件的作用情况，即研究各个力的作用位置、大小和方向。为了清晰地表示构件受力的情况，常需把研究的构件单独隔离出来，用受力图表示。

二力构件：当一个物体不计自重和摩擦力，只受两个力而保持平衡时，称为二力构件。二力构件所受的力必大小相等、方向相反。

1. 绘制受力图的步骤

1）明确研究对象，画出分离体（构件）。

2）在分离体上画出全部主动力。

3）在分离体的约束处画出约束力。

2. 绘制受力图的注意事项

1）不要漏画力，也不要多画力。

2）作用力的方向一旦确定，约束力的方向一定要与之相反。

3）正确判断二力构件，并按照二力构件的平衡条件绘制二力构件的受力图。

曲柄滑块机构运动示意如图 1-14 所示。

连杆、滑块受力如图 1-15 所示。

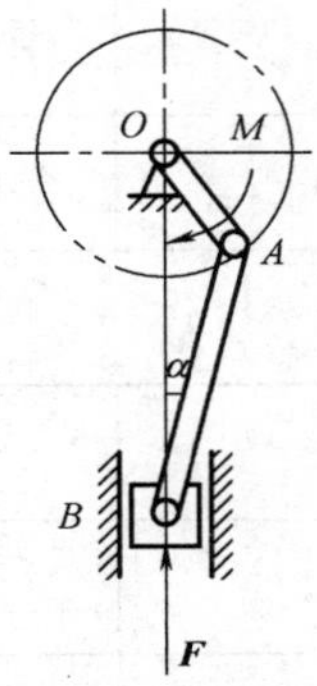

图 1-14　曲柄滑块机构运动示意

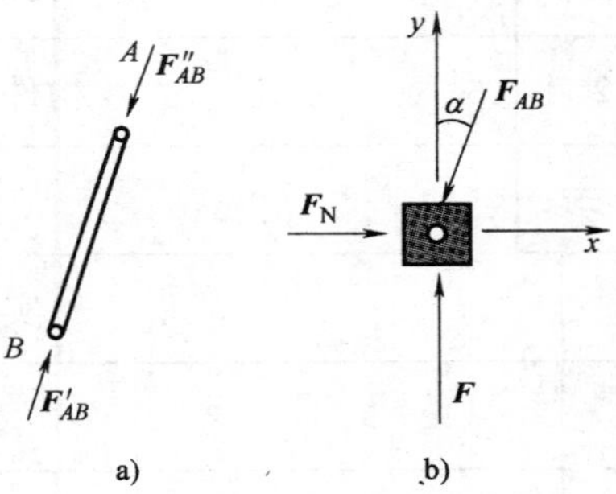

图 1-15　连杆、滑块受力

a）连杆受力　b）滑块受力

三	平面汇交力系和平面一般力系的解算

平面力系分为平面汇交力系和平面一般力系。平面汇交力系是指平面中所有力的作用线汇交于一点的力系，平面一般力系是指平面中的力不汇交于一点的力系。

1）平面汇交力系平衡的解析条件是各力在 x 轴和 y 轴上投影的代数和分别等于零。平面汇交力系的平衡方程为

$$\left.\begin{aligned}\sum F_x = 0\\ \sum F_y = 0\end{aligned}\right\} \tag{1-1}$$

2）平面一般力系平衡的充要条件为：力系的主矢及力系对任一点的主矩均为零，即

$$\left.\begin{aligned}F'_{\mathrm{F}} = \sqrt{(\sum F_x)^2 + (\sum F_y)^2} = 0\\ M_O = \sum M_O(F) = 0\end{aligned}\right\}$$

由此得平面一般力系的平衡方程为

$$\left.\begin{aligned}\sum F_x = 0\\ \sum F_y = 0\\ \sum M_O(F) = 0\end{aligned}\right\} \tag{1-2}$$

1.2.3 计划

根据任务内容制订小组任务计划，简要说明任务实施过程的步骤及注意事项，将计划内容等填入构件的受力分析计划单，见表1-13。

表1-13 构件的受力分析计划单

<table>
<tr><td>学习领域</td><td colspan="5">机械设计与应用</td></tr>
<tr><td>学习情境1</td><td colspan="3">机构的设计与选用</td><td>学时</td><td>25学时</td></tr>
<tr><td>任务2</td><td colspan="3">构件的受力分析</td><td>学时</td><td>6学时</td></tr>
<tr><td>计划方式</td><td colspan="5">小组讨论</td></tr>
<tr><td>序号</td><td colspan="4">实施步骤</td><td>使用资源</td></tr>
<tr><td></td><td colspan="4"></td><td></td></tr>
<tr><td></td><td colspan="4"></td><td></td></tr>
<tr><td></td><td colspan="4"></td><td></td></tr>
<tr><td></td><td colspan="4"></td><td></td></tr>
<tr><td></td><td colspan="4"></td><td></td></tr>
<tr><td></td><td colspan="4"></td><td></td></tr>
<tr><td></td><td colspan="4"></td><td></td></tr>
<tr><td>制订计划说明</td><td colspan="5"></td></tr>
<tr><td>计划评价</td><td colspan="5">评语：</td></tr>
<tr><td>班级</td><td></td><td>第　组</td><td>组长签字</td><td colspan="2"></td></tr>
<tr><td>教师签字</td><td colspan="2"></td><td>日期</td><td colspan="2"></td></tr>
</table>

1.2.4 决策

各小组之间讨论工作计划的合理性和可行性，选定合适的工作计划，进行决策，填写构件的受力分析决策单，见表 1-14。

表 1-14 构件的受力分析决策单

学习领域	机械设计与应用					
学习情境 1	机构的设计与选用				学时	25 学时
任务 2	构件的受力分析				学时	6 学时
	方案讨论				组号	
方案决策	组别	步骤顺序性	步骤合理性	实施可操作性	选用工具合理性	原因说明
	1					
	2					
	3					
	4					
	5					
	1					
	2					
	3					
	4					
	5					
	1					
	2					
	3					
	4					
	5					
方案评价	评语：（根据组内的决策，对照计划进行修改并说明修改原因）					
班级		组长签字		教师签字		月　日

1.2.5 实施

1. 实施准备

任务实施准备主要有场地准备、教学仪器（工具）准备、资料准备，见表 1-15。

表 1-15 构件的受力分析实施准备

场地准备	教学仪器（工具）准备	资料准备
机械设计实训室	压力机、绘图工具	1. 李敏. 机械设计与应用. 北京：机械工业出版社，2010。 2. 封立耀. 机械设计基础实例教程. 北京：北京航空航天大学出版社，2007。 3. 压力机使用说明书。 4. 压力机安全技术操作规程。 5. 机械设计技术要求。

2. 实施任务

依据计划步骤实施任务，并完成作业单的填写。构件的受力分析作业单见表 1-16。

表 1-16 构件的受力分析作业单

学习领域	机械设计与应用		
学习情境 1	机构的设计与选用	学时	25 学时
任务 2	构件的受力分析	学时	6 学时
作业方式	小组分析，个人解答，现场批阅，集体评判		
1	绘制压力机曲柄滑块机构中连杆和滑块的受力图。		
作业解答：			

2	计算压力机图示位置时（如图 1-8 所示，连杆与垂线夹角为 20°），曲柄滑块机构中的滑块、连杆受力。参数和已知条件：冲头所受垂直向上阻力为 F（公称压力 350kN），忽略摩擦和构件自重。

作业解答：

作业评价：

班级		组别		组长签字	
学号		姓名		教师签字	
教师评分		日期			

1.2.6 检查评价

学生完成本学习任务后，应展示的结果有完成的计划单、决策单、作业单、检查单、评价单。

1. 构件的受力分析检查单（表1-17）

表1-17 构件的受力分析检查单

<table>
<tr><td>学习领域</td><td colspan="4">机械设计与应用</td></tr>
<tr><td>学习情境1</td><td colspan="2">机构的设计与选用</td><td>学时</td><td>25学时</td></tr>
<tr><td>任务2</td><td colspan="2">构件的受力分析</td><td>学时</td><td>6学时</td></tr>
<tr><td>序号</td><td>检查项目</td><td>检查标准</td><td>学生自查</td><td>教师检查</td></tr>
<tr><td>1</td><td>任务书阅读与分析能力，正确理解及描述目标要求</td><td>准确理解任务要求</td><td></td><td></td></tr>
<tr><td>2</td><td>与同组同学协商，确定人员分工</td><td>较强的团队协作能力</td><td></td><td></td></tr>
<tr><td>3</td><td>资料的阅读、分析和归纳能力</td><td>较强的资料检索能力和分析总结能力</td><td></td><td></td></tr>
<tr><td>4</td><td>构件受力图绘制能力</td><td>连杆、滑块受力图绘制正确、完整</td><td></td><td></td></tr>
<tr><td>5</td><td>构件受力计算能力</td><td>滑块、连杆受力计算步骤正确和完整，计算结果准确</td><td></td><td></td></tr>
<tr><td>检查评价</td><td colspan="4">评语：</td></tr>
<tr><td>班级</td><td colspan="4">组别　　　　组长签字</td></tr>
<tr><td>教师签字</td><td colspan="4">日期</td></tr>
</table>

2. 构件的受力分析评价单（表 1-18）

表 1-18　构件的受力分析评价单

学习领域	机械设计与应用								
学习情境 1	机构的设计与选用					学时			25 学时
任务 2	构件的受力分析					学时			6 学时
评价类别	评价项目	子项目	个人评价	组内互评					教师评价
专业能力（60%）	资讯（8%）	搜集信息（4%）							
		引导问题回答（4%）							
	计划（5%）	计划可执行度（5%）							
	实施（12%）	工作步骤执行（3%）							
		功能实现（3%）							
		质量管理（2%）							
		安全保护（2%）							
		环境保护（2%）							
	检查（10%）	全面性、准确性（5%）							
		异常情况排除（5%）							
	过程（15%）	使用工具规范性（7%）							
		操作（分析设计）过程规范性（8%）							
	结果（5%）	结果质量（5%）							
	作业（5%）	作业质量（5%）							
社会能力（20%）	团结协作（10%）	对小组的贡献（5%）							
		小组合作配合状况（5%）							
	敬业精神（10%）	吃苦耐劳精神（5%）							
		学习纪律性（5%）							
方法能力（20%）	计划能力（10%）								
	决策能力（10%）								
评价评语	评语：								
班级		组别		学号		总评			
教师签字		组长签字		日期					

1.2.7 实践中常见问题解析

1. 计算力对点的力矩，应注意力矩的正、负号。逆时针的力矩为正，顺时针的力矩为负。

2. 对构件进行受力分析时，首先应判断其是否是二力构件。判断是否是二力构件，前提是摩擦和构件自重忽略不计，然后看它是否只在两点处受力而处于平衡，若只在两点处受力且处于平衡状态，就可判断它是二力构件。若构件在多于两点处受力，则不是二力构件。

3. 平面一般力系，列力矩平衡方程时，应选择合适的矩心，所列方程中尽量包含较少的未知数，这样可大大简化计算过程。

1.2.8 拓展训练

训练项目：减速器输出轴的受力分析

训练目的

- 掌握构件受力分析方法。
- 掌握空间力系的平面解法。

训练要点

- 能够分析减速器输出轴的受力情况。
- 掌握空间力系和平面力系的解算方法。
- 培养学生独立分析和解决问题的能力。

设备和工具

计算器

预习要求

预习转轴的受力分析，绘制减速器输出轴的受力图，预习空间力系的平面解法。

训练题目

减速器输出轴如图 1-16 所示，以 A、B 两轴承支承。轴上直齿圆柱齿轮的分度圆直径 $d=17.3\text{mm}$，压力角 $\alpha=20°$，在法兰盘上作用一力偶，其力偶矩 $M=1030\text{N}\cdot\text{m}$。如轮、轴自重和摩擦不计，求输出轴匀速转动时 A、B 两轴承的约束力及齿轮所受的啮合力 $\boldsymbol{F}$。

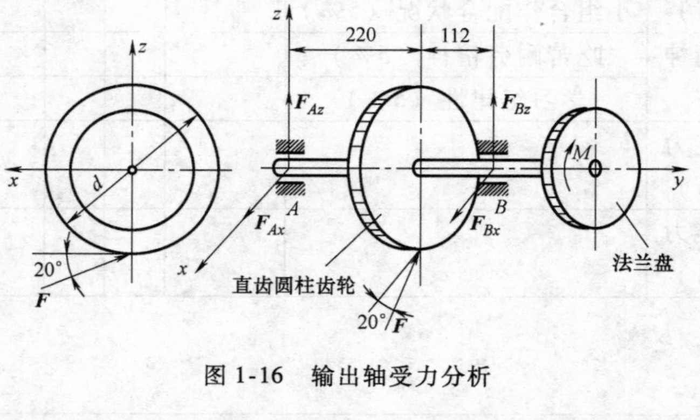

图 1-16 输出轴受力分析

分析：减速器输出轴的受力属于空间力系，将空间力系转化为平面力系，利用空间力系的平面解法来解算。

1）取整个轴为研究对象。设 A、B 两轴承的约束力分别为 $\boldsymbol{F}_{Ax}$、$\boldsymbol{F}_{Az}$、$\boldsymbol{F}_{Bx}$、$\boldsymbol{F}_{Bz}$，并沿 x、z 轴的正向，此外还有力偶 M 和齿轮所受的啮合力 $\boldsymbol{F}$，这些力构成空间一般力系。

2）取坐标轴如图 1-16 所示，将 F 分解为

$$F_x = F\cos20°，\ F_z = F\sin20°$$

F_x 平移到轴心，可得一力偶，其力偶矩等于 $F_x \cdot d/2$。

3）列 Axy 平面的平衡方程

$\sum F_x = 0$ $\qquad F_{Ax} + F_{Bx} - F_x = 0$

$\sum M_A(F) = 0$ $\qquad -F_x \times 220 + F_{Bx} \times 332 = 0$

4）列 Ayz 平面的平衡方程

$\sum F_z = 0$ $\qquad F_z + F_{Az} + F_{Bz} = 0$

$\sum M_A(F) = 0$ $\qquad -F_z \times 220 - F_{Bz} \times 332 = 0$

5）列 Axz 平面的平衡方程 $\qquad F_x \cdot d/2 = M$

联立求解以上各式得

$F = 126.7\text{kN}$，$F_{Ax} = 40.2\text{kN}$，$F_{Az} = -14.6\text{kN}$，$F_{Bx} = 78.9\text{kN}$，$F_{Bz} = -28.7\text{kN}$。

F_{Az}、F_{Bz}结果为负值，说明实际方向与图示方向相反。

训练小结

减速器输出轴在受力特点方面属于转轴，对减速器输出轴进行受力分析是后续课程中进行轴的设计的基础。减速器输出轴的受力情况属于空间力系，空间力系的解算采用的方法是空间力系的平面解法，即将空间力系中的力分别投影到三个平面上，分别画出三个平面上构件的受力分析图，然后分别在三个平面上建立平面力系的平衡方程，即可求解未知量。

任务 1.3 曲柄滑块机构的设计与选用

1.3.1 任务描述

曲柄滑块机构的设计与选用任务单见表 1-19。

表 1-19 曲柄滑块机构的设计与选用任务单

<table>
<tr><td>学习领域</td><td colspan="3">机械设计与应用</td></tr>
<tr><td>学习情境 1</td><td>机构的设计与选用</td><td>学时</td><td>25 学时</td></tr>
<tr><td>任务 3</td><td>曲柄滑块机构的设计与选用</td><td>学时</td><td>10 学时</td></tr>
<tr><td colspan="4">布置任务</td></tr>
<tr><td>学习目标</td><td colspan="3">1. 能够绘制平面机构运动简图，计算机构自由度。
2. 能够分析连杆机构的类型、工作特性。
3. 能够根据实际工作条件设计曲柄滑块机构。</td></tr>
</table>

<table>
<tr><td>任务描述</td><td colspan="6">设计压力机曲柄滑块机构。主要参数：滑块行程 $H=130\text{mm}$，行程次数为 58 次/min，曲柄滑块机构的传动角要求大于或等于 40°。压力机曲柄滑块机构如图 1-17 所示。

图 1-17　压力机曲柄滑块机构</td></tr>
<tr><td>任务分析</td><td colspan="6">压力机曲柄滑块机构是压力机中的运动机构，属于平面连杆机构，是机器中一种常用的机构。平面连杆机构结构简单、工作可靠，能够实现多种运动规律和运动轨迹的要求，接触压力小，便于润滑，磨损小，因此得到广泛的应用。具体任务如下：
1. 绘制与识读平面机构运动简图，计算机构的自由度。
2. 分析平面连杆机构的类型、工作特性。
3. 设计压力机曲柄滑块机构。</td></tr>
<tr><td>学时安排</td><td>资讯
4 学时</td><td>计划
0.5 学时</td><td>决策
0.5 学时</td><td>实施
4 学时</td><td>检查
0.5 学时</td><td>评价
0.5 学时</td></tr>
<tr><td>提供资料</td><td colspan="6">1. 胡家秀. 简明机械零件设计实用手册（第 2 版）. 北京：机械工业出版社，2012。
2. 李敏. 机械设计与应用. 北京：机械工业出版社，2010。
3. 封立耀. 机械设计基础实例教程. 北京：北京航空航天大学出版社，2007。
4. 孟玲琴. 机械设计基础课程设计. 北京：北京理工大学出版社，2013。
5. 压力机使用说明书。
6. 压力机安全技术操作规程。
7. 机械设计技术要求。</td></tr>
</table>

对学生的要求	1. 能对任务书进行分析，能正确理解和描述目标要求。 2. 具有独立思考、善于提问的学习习惯。 3. 具有查询资料和市场调研能力，具备严谨求实和开拓创新的学习态度。 4. 能执行企业“5S”质量管理体系要求，具备良好的职业意识和社会能力。 5. 具备一定的观察理解和判断分析能力。 6. 具有团队协作、爱岗敬业的精神。 7. 具有一定的创新思维和勇于创新的精神。 8. 按时、按要求上交作业，并列入考核成绩。

1.3.2 资讯

1. 曲柄滑块机构的设计与选用资讯单（表 1-20）

表 1-20 曲柄滑块机构的设计与选用资讯单

学习领域	机械设计与应用		
学习情境 1	机构的设计与选用	学时	25 学时
任务 3	曲柄滑块机构的设计与选用	学时	10 学时
资讯方式	学生根据教师给出的资讯引导进行查询解答		
资讯问题	1. 什么是平面连杆机构？平面连杆机构有哪些主要类型？ 2. 压力机冲压机构采用了什么类型的平面连杆机构？ 3. 压力机曲柄滑块机构的技术参数有哪些？ 4. 怎样绘制曲柄滑块机构运动简图？ 5. 如何计算机构的自由度？如何判断机构是否具有确定的相对运动？ 6. 平面连杆机构有什么工作特性？ 7. 怎样设计压力机中的曲柄滑块机构？		
资讯引导	1. 问题 1 可参考信息单信息资料第一部分内容和李敏主编的《机械设计与应用》第 45—46 页。 2. 问题 2 可参考信息单信息资料第一部分内容。 3. 问题 3 可参考信息单信息资料第一部分内容。 4. 问题 4 可参考信息单信息资料第二部分内容和李敏主编的《机械设计与应用》第 38—42 页。 5. 问题 5 可参考信息单信息资料第二部分内容和李敏主编的《机械设计与应用》第 38—42 页。 6. 问题 6 可参考信息单信息资料第三部分内容和李敏主编的《机械设计与应用》第 51—54 页。 7. 问题 7 可参考信息单信息资料第四部分内容和李敏主编的《机械设计与应用》第 54—56 页。		

2. 曲柄滑块机构的设计与选用信息单（表1-21）

表1-21 曲柄滑块机构的设计与选用信息单

学习领域	机械设计与应用		
学习情境1	机构的设计与选用	学时	25学时
任务3	曲柄滑块机构的设计与选用	学时	10学时
序号	信息资料		
一	压力机冲压机构传动形式的选择		

压力机冲压机构要完成对工件冲压成形工艺动作，选用了曲柄滑块机构，它是平面连杆机构的一种常用形式。

1. 平面连杆机构及类型

（1）平面连杆机构 平面连杆机构是由若干构件通过低副连接而成的平面机构，也称为平面低副机构。由四个构件连接而成的平面连杆机构称为平面四杆机构（简称四杆机构），由五个构件连接而成的平面连杆机构称为五杆机构，由五个以上构件连接而成的平面连杆机构称为多杆机构。

平面连杆机构结构简单、工作可靠，能够实现多种运动规律和运动轨迹的要求，接触压力小，便于润滑，磨损小，因此广泛用于机床、轻工机械、农业机械、矿山机械、汽车和各种仪表中。

（2）平面四杆机构类型

1）铰链四杆机构：构件间的运动副均为转动副的四杆机构。铰链四杆机构可分为曲柄摇杆机构、双曲柄机构以及双摇杆机构三种基本类型。

2）平面四杆机构的演化：平面四杆机构的各种类型之间存在着一定的内在联系，它们可以通过机架置换、尺寸改变和运动副的转换等方式相互演变。这些演化方式也是机构创新设计的常用方法之一。演化机构有应用广泛的滑块四杆机构，其常用形式有曲柄滑块机构、导杆机构、摇块机构和定块机构等。

2. 压力机曲柄滑块机构技术参数

开式压力机均采用曲柄连杆机构驱动滑块做上下垂直运动，滑块行程与曲柄转角有关。曲柄滑块机构运动原理如图1-18所示。滑块行程为上死点与下死点间距离，公称压力位置是指滑块离下死点某一特定距离，此位置时滑块所允许承受的最大作用力为公称压力。

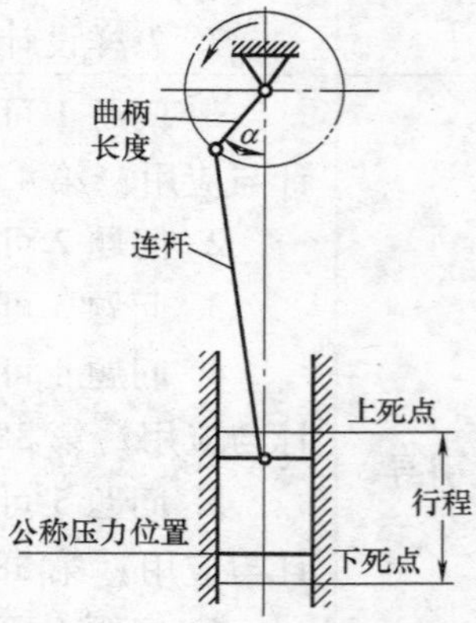

图1-18 曲柄滑块机构运动原理

二	曲柄滑块机构自由度的计算及机构是否具有确定的相对运动的判断

1. 机构运动简图绘制步骤

1）分析研究机构的组成及运动原理，确定机架、原动件和从动件。

2）由原动件开始，按照各构件之间的运动传递路线，依次分析构件间的相对运动形式，确定运动副的类型和数目。

3）选择适当的视图平面，以便清楚地表达各构件间的运动关系。平面机构通常选择与构件运动平行的平面作为投影面。

4）选择适当的比例尺 μ_l ［μ_l = 构件实际尺寸/构件图样尺寸（m/mm 或 mm/mm）］，按照各运动副间的距离和相对位置，以规定的线条和符号绘制出运动简图。

2. 曲柄滑块机构运动简图

曲柄滑块机构运动简图如图 1-19 所示。

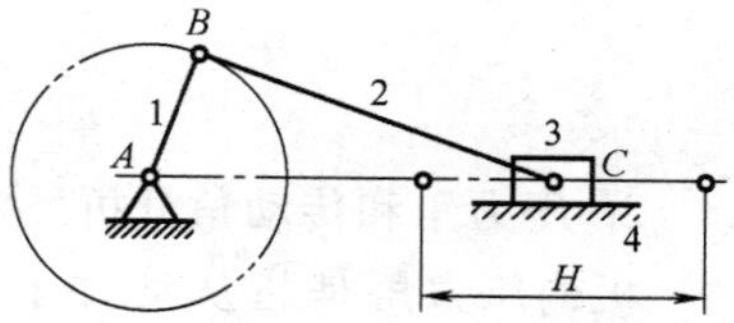

图 1-19　曲柄滑块机构运动简图

3. 机构自由度的计算

1）机构所具有的独立运动数目，称为机构的自由度。

2）机构自由度的计算公式：$F = 3n - 2P_L - P_H$。

3）计算平面机构自由度时的特殊情况处理。

复合铰链：两个以上的构件在同一处构成的转动副称为复合铰链。若有 m 个构件形成复合铰链时，应具有（$m-1$）个转动副。

局部自由度：机构中某些构件产生的与其他运动无关的独立运动，称为局部自由度。在计算机构自由度时，局部自由度应除去不计。

虚约束：机构中与其他约束重复而对机构运动不起限制作用的约束，称为虚约束。计算机构自由度时，应除去虚约束。

4. 机构是否具有确定的相对运动的判断

判断机构是否具有确定的相对运动：机构自由度 F 等于原动件个数，且 $F>0$。

三	机构的工作特性分析

1. 机构的急回特性分析

（1）极位夹角　从动件位于两个极限位置时，曲柄（主动件）对应两位置所夹的锐角，称为极位夹角（θ）。典型机构的极位夹角如图 1-20 所示。

（2）急回特性　机构具有空回行程的平均速度大于工作行程的平均速度的特性称为急回特性。急回特性的生产实际意义：节省空回行程时间，提高劳动生产率，满足某些机械的工作要求。

（3）行程速比系数的计算

$$K = \frac{180° + \theta}{180° - \theta}$$

急回特性的程度取决于极位夹角 θ 的大小，当曲柄摇杆机构在运动过程中极位夹角 $\theta \neq 0°$时，机构便具有急回运动特性。θ 值越大，则 K 值越大，机构的急回运动特性就越显著。

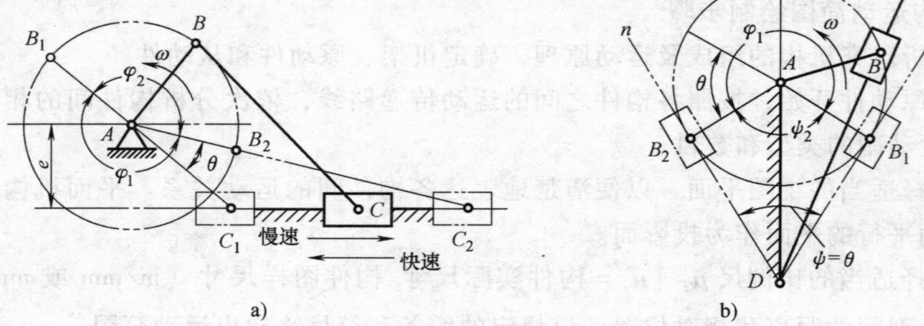

图 1-20　机构的极位夹角

a）曲柄滑块机构　b）摆动导杆机构

2. 压力角和传动角分析

机构压力角是指从动件上受力方向与力作用点的速度方向之间所夹的锐角，用 α 表示。

机构传动角压力角 α 的余角，用 γ 表示。一般机构，最小传动角要求大于或等于 40°～50°；对于传递功率大的机械可取最小传动角大于或等于 50°；对于一些非传力机构，最小传动角可略小于 40°。

（1）压力角　压力角 α 越小，传动角 γ 越大，机构的传力性能越好；反之，α 越大，γ 越小，机构的传力性能越不好，传动效率越低。

（2）最小传动角的位置　偏置式曲柄滑块机构的最小传动角出现在曲柄与机架垂直的位置之一，如图 1-21 所示。

曲柄摇杆机构的最小传动角 γ_{min} 出现在曲柄 AB 与机架 AD 两次共线的位置之一，如图 1-22 所示。

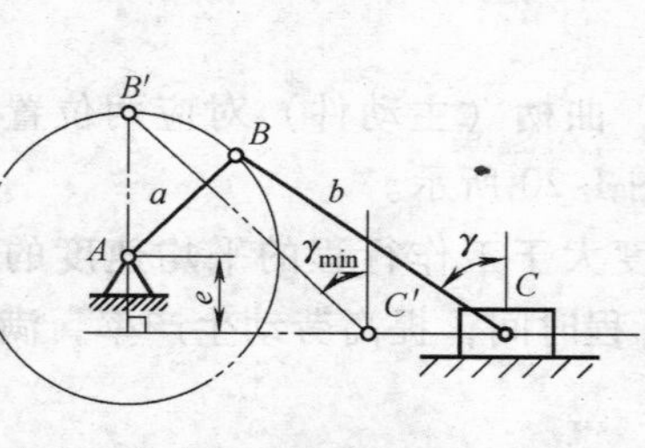

图 1-21　偏置式曲柄滑块机构最小传动角的位置

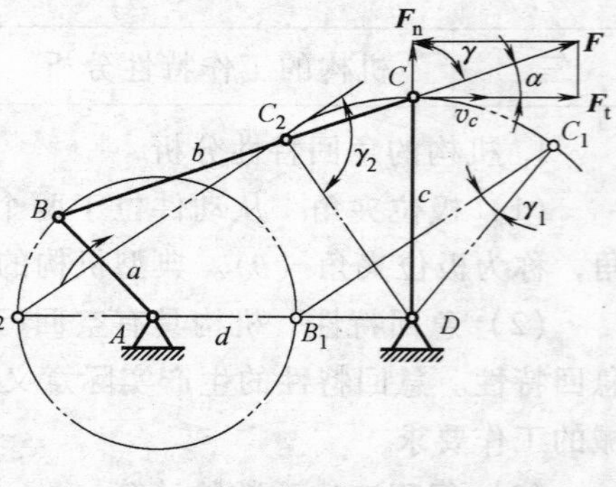

图 1-22　曲柄摇杆机构最小传动角的位置

3. 死点位置分析

作用于从动件上的力通过其回转中心，有效回转力矩为零，机构出现卡死现象，机构的这种位置称为死点位置。常用机构的死点位置如图 1-23 所示。

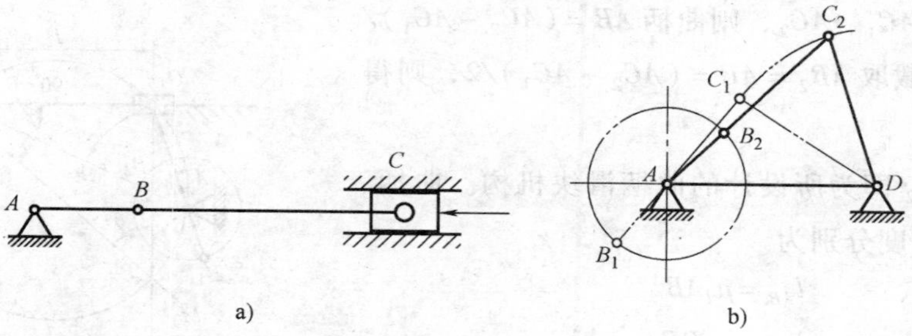

图 1-23　常用机构的死点位置

a）曲柄滑块机构的死点位置　b）曲柄摇杆机构的死点位置

死点的存在对传动机构而言是不利的，常利用飞轮的惯性或采取机构的错位排列等措施使机构能顺利通过死点位置。但工程上也常利用死点位置实现特定的工作要求，如图 1-24 所示。

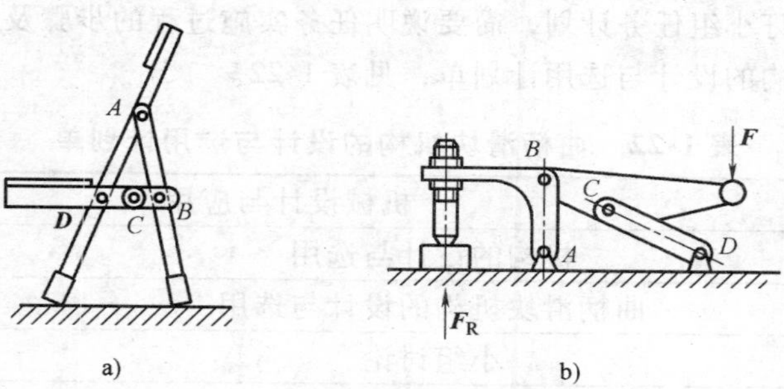

图 1-24　死点位置的利用

a）折叠椅　b）夹紧机构

四　曲柄滑块机构的设计

1. 曲柄滑块机构的设计参数

已知行程速比系数 K，滑块行程 H，偏距 e。用作图法设计曲柄滑块机构，如图 1-25 所示。

2. 设计步骤

1）计算极位夹角

$$\theta = 180^\circ \frac{K-1}{K+1}$$

2）选取比例尺 μ_l，画出线段 C_1C_2。

3）由点 C_2 作斜线 C_2M，使 $\angle C_1C_2M = 90^\circ - \theta$，$C_2M$ 与 C_1C_2 的垂线 C_1N 交于点 P。

4）以 C_2P 为直径作圆，固定铰链点 A 即在此圆上。

5）作与 C_1C_2 平行的直线，使该直线到 C_1C_2 的距离为偏距 e，则此直线与圆的交点即为曲柄转轴点 A 的位置。

6）连接 AC_1、AC_2，则曲柄 $AB=(AC_2-AC_1)/2$。在 AC_2 上截取 $AB_2=AB=(AC_2-AC_1)/2$，则得到点 B_2。

7）AB_2C_2 即为所设计的曲柄滑块机构。曲柄、连杆的实际长度分别为

$$l_{AB}=\mu_l AB$$

$$l_{BC}=\mu_l BC$$

本设计也可取 AB_1C_1 为所设计的曲柄滑块机构，如图 1-25 所示。

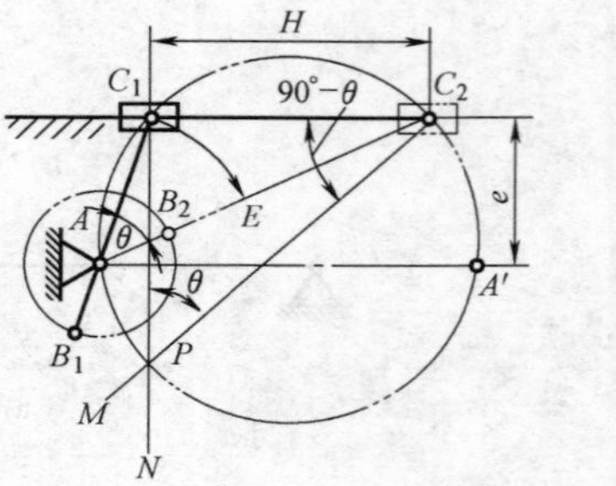

图 1-25　用作图法设计曲柄滑块机构

1.3.3　计划

根据任务内容制订小组任务计划，简要说明任务实施过程的步骤及注意事项，将计划内容等填入曲柄滑块机构的设计与选用计划单，见表 1-22。

表 1-22　曲柄滑块机构的设计与选用计划单

学习领域	机械设计与应用			
学习情境 1	机构的设计与选用		学时	25 学时
任务 3	曲柄滑块机构的设计与选用		学时	10 学时
计划方式	小组讨论			
序号	实施步骤		使用资源	
制订计划说明				
计划评价	评语：			
班级		第　　组	组长签字	
教师签字			日期	

1.3.4 决策

各小组之间讨论工作计划的合理性和可行性，选定合适的工作计划，进行决策，填写曲柄滑块机构的设计与选用决策单，见表 1-23。

表 1-23 曲柄滑块机构的设计与选用决策单

<table>
<tr><td>学习领域</td><td colspan="7">机械设计与应用</td></tr>
<tr><td>学习情境 1</td><td colspan="5">机构的设计与选用</td><td>学时</td><td>25 学时</td></tr>
<tr><td>任务 3</td><td colspan="5">曲柄滑块机构的设计与选用</td><td>学时</td><td>10 学时</td></tr>
<tr><td colspan="6">方案讨论</td><td>组号</td><td></td></tr>
<tr><td rowspan="16">方案决策</td><td>组别</td><td>步骤顺序性</td><td>步骤合理性</td><td>实施可操作性</td><td>选用工具合理性</td><td colspan="2">原因说明</td></tr>
<tr><td>1</td><td></td><td></td><td></td><td></td><td colspan="2"></td></tr>
<tr><td>2</td><td></td><td></td><td></td><td></td><td colspan="2"></td></tr>
<tr><td>3</td><td></td><td></td><td></td><td></td><td colspan="2"></td></tr>
<tr><td>4</td><td></td><td></td><td></td><td></td><td colspan="2"></td></tr>
<tr><td>5</td><td></td><td></td><td></td><td></td><td colspan="2"></td></tr>
<tr><td>1</td><td></td><td></td><td></td><td></td><td colspan="2"></td></tr>
<tr><td>2</td><td></td><td></td><td></td><td></td><td colspan="2"></td></tr>
<tr><td>3</td><td></td><td></td><td></td><td></td><td colspan="2"></td></tr>
<tr><td>4</td><td></td><td></td><td></td><td></td><td colspan="2"></td></tr>
<tr><td>5</td><td></td><td></td><td></td><td></td><td colspan="2"></td></tr>
<tr><td>1</td><td></td><td></td><td></td><td></td><td colspan="2"></td></tr>
<tr><td>2</td><td></td><td></td><td></td><td></td><td colspan="2"></td></tr>
<tr><td>3</td><td></td><td></td><td></td><td></td><td colspan="2"></td></tr>
<tr><td>4</td><td></td><td></td><td></td><td></td><td colspan="2"></td></tr>
<tr><td>5</td><td></td><td></td><td></td><td></td><td colspan="2"></td></tr>
<tr><td>方案评价</td><td colspan="7">评语：（根据组内的决策，对照计划进行修改并说明修改原因）</td></tr>
<tr><td>班级</td><td></td><td>组长签字</td><td></td><td>教师签字</td><td></td><td colspan="2">月　　日</td></tr>
</table>

1.3.5 实施

1. 实施准备

任务实施准备主要有场地准备、教学仪器（工具）准备、资料准备，见表1-24。

表1-24 连杆机构的设计与选用实施准备

场地准备	教学仪器（工具）准备	资料准备
机械设计实训室（多媒体）	压力机、连杆机构、绘图工具	1. 李敏．机械设计与应用．北京：机械工业出版社，2010。 2. 封立耀．机械设计基础实例教程．北京：北京航空航天大学出版社，2007。 3. 压力机使用说明书。 4. 压力机安全技术操作规程。 5. 机械设计技术要求。

2. 实施任务

依据计划步骤实施任务，并完成作业单的填写。曲柄滑块机构的设计与选用作业单见表1-25。

表1-25 曲柄滑块机构的设计与选用作业单

学习领域	机械设计与应用		
学习情境1	机构的设计与选用	学时	25学时
任务3	曲柄滑块机构的设计与选用	学时	10学时
作业方式	小组分析，个人解答，现场批阅，集体评判		
1	绘制曲柄滑块机构运动简图，计算机构的自由度并判断机构是否具有确定的相对运动。		
作业解答：			

2	完成压力机中曲柄滑块机构的设计。设计参数和要求：精压机中冲压机构采用曲柄滑块机构（图 1-26），冲头做上下往复直线运动，具有快速下沉、等速工作进给和快速返回的特性。行程速比系数 $K=1.5$，上模行程 $H=130\text{mm}$，偏距 $e=100\text{mm}$，用作图法设计曲柄滑块机构。

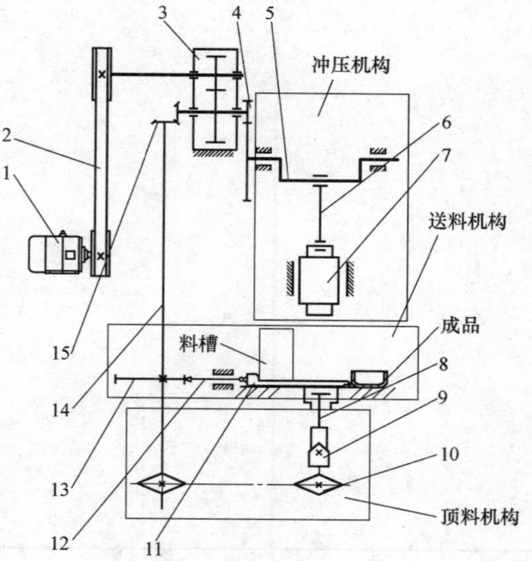

图 1-26　精压机主体单元机构运动示意图

1—电动机　2—V 带传动　3—减速机　4—齿轮传动　5—曲轴　6—连杆　7—冲头
8—顶料杆　9—顶料凸轮　10—传动链　11—推料板　12—凸轮直动推杆
13—盘形凸轮　14—立轴　15—锥齿轮传动

作业解答：

作业评价：

班级		组别		组长签字	
学号		姓名		教师签字	
教师评分		日期			

1.3.6 检查评价

学生完成本学习任务后，应展示的结果有完成的计划单、决策单、作业单、检查单、评价单。

1. 曲柄滑块机构的设计与选用检查单（表1-26）

表1-26 曲柄滑块机构的设计与选用检查单

<table>
<tr><td>学习领域</td><td colspan="5">机械设计与应用</td></tr>
<tr><td>学习情境1</td><td colspan="3">机构的设计与选用</td><td>学时</td><td>25学时</td></tr>
<tr><td>任务3</td><td colspan="3">曲柄滑块机构的设计与选用</td><td>学时</td><td>10学时</td></tr>
<tr><td>序号</td><td colspan="2">检查项目</td><td>检查标准</td><td>学生自查</td><td>教师检查</td></tr>
<tr><td>1</td><td colspan="2">任务书阅读与分析能力，正确理解及描述目标要求</td><td>准确理解任务要求</td><td></td><td></td></tr>
<tr><td>2</td><td colspan="2">与同组同学协商，确定人员分工</td><td>较强的团队协作能力</td><td></td><td></td></tr>
<tr><td>3</td><td colspan="2">资料的分析、归纳能力</td><td>较强的资料检索能力和分析、归纳能力</td><td></td><td></td></tr>
<tr><td>4</td><td colspan="2">连杆机构的运动特性分析能力</td><td>连杆机构运动性能分析正确</td><td></td><td></td></tr>
<tr><td>5</td><td colspan="2">连杆机构设计能力</td><td>连杆机构设计方法正确，设计步骤正确和完整，设计结果准确</td><td></td><td></td></tr>
<tr><td>6</td><td colspan="2">测量工具应用能力</td><td>工具使用规范，测量方法正确</td><td></td><td></td></tr>
<tr><td>7</td><td colspan="2">安全生产与环保</td><td>符合“5S”要求</td><td></td><td></td></tr>
<tr><td>检查评价</td><td colspan="5">评语：</td></tr>
<tr><td>班级</td><td></td><td>组别</td><td></td><td>组长签字</td><td></td></tr>
<tr><td>教师签字</td><td colspan="3"></td><td>日期</td><td></td></tr>
</table>

2. 曲柄滑块机构的设计与选用评价单（表 1-27）

表 1-27　曲柄滑块机构的设计与选用评价单

学习领域	机械设计与应用								
学习情境 1	机构的设计与选用			学时					25 学时
任务 3	曲柄滑块机构的设计与选用			学时					10 学时
评价类别	评价项目	子项目	个人评价	组内互评					教师评价
专业能力（60%）	资讯（8%）	搜集信息（4%）							
		引导问题回答（4%）							
	计划（5%）	计划可执行度（5%）							
	实施（12%）	工作步骤执行（3%）							
		功能实现（3%）							
		质量管理（2%）							
		安全保护（2%）							
		环境保护（2%）							
	检查（10%）	全面性、准确性（5%）							
		异常情况排除（5%）							
	过程（15%）	使用工具规范性（7%）							
		操作（分析设计）过程规范性（8%）							
	结果（5%）	结果质量（5%）							
	作业（5%）	作业质量（5%）							
社会能力（20%）	团结协作（10%）	对小组的贡献（5%）							
		小组合作配合状况（5%）							
	敬业精神（10%）	吃苦耐劳精神（5%）							
		学习纪律性（5%）							
方法能力（20%）	计划能力（10%）								
	决策能力（10%）								
评价评语	评语：								
班级		组别		学号		总评			
教师签字		组长签字		日期					

1.3.7 实践中常见问题解析

1. 在进行平面连杆机构设计时，往往是以运动要求为主要设计目标，同时还要兼顾一些运动特性和传力特性等方面的要求，如运动副要求、压力角或传动角要求、机构占据空间位置要求等。另外，设计结果还应满足运动连续性要求，即当主动件连续运动时，从动件也能连续地占据预定的各个位置，而不能出现错位或错序等现象。

2. 对于需要有急回运动的机构，常常是根据需要的行程速比系数 K，先求出 θ，然后再设计各构件的尺寸。

任务 1.4 凸轮机构的设计与选用

1.4.1 任务描述

凸轮机构的设计与选用任务单见表 1-28。

表 1-28 凸轮机构的设计与选用任务单

<table>
<tr><td>学习领域</td><td colspan="3">机械设计与应用</td></tr>
<tr><td>学习情境 1</td><td>机构的设计与选用</td><td>学时</td><td>25 学时</td></tr>
<tr><td>任务 4</td><td>凸轮机构的设计与选用</td><td>学时</td><td>4 学时</td></tr>
<tr><td colspan="4">布置任务</td></tr>
<tr><td>学习目标</td><td colspan="3">1. 能够分析凸轮机构类型、工作特性。
2. 能够设计送料凸轮机构。</td></tr>
<tr><td>任务描述</td><td colspan="3">设计压力机送料凸轮机构。主要参数：压力机中采用凸轮机构（图 1-27）将毛坯送入模腔并将成品推出，根据压力机的工作要求，坯料输送的最大距离为 200mm。
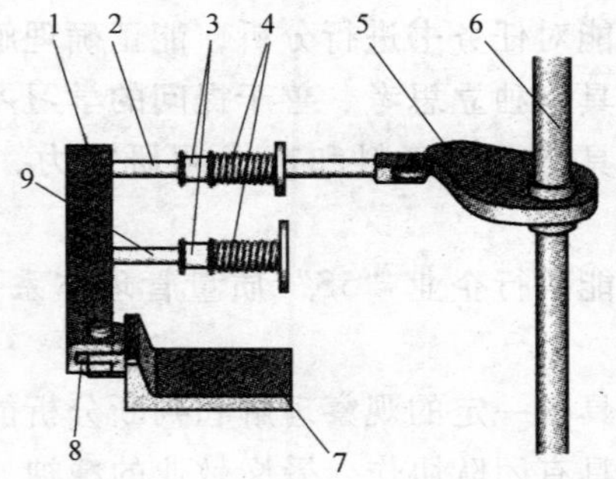

图 1-27 压力机送料凸轮机构
1—横梁组件 2—推杆 3—滑动支承 4—弹簧 5—凸轮
6—立轴 7—推料板 8—滑动架 9—导向杆</td></tr>
</table>

<table>
<tr><td>任务分析</td><td colspan="6">凸轮机构是压力机（精压机）中的送料机构，起到自动送料的作用。凸轮机构是一种常用的高副机构，在自动机械或半自动机械中应用非常广泛。凸轮是一种具有曲面轮廓的构件，一般为原动件，做连续转动或移动，在凸轮的推动下，从动件（推杆）往复移动或摆动。
具体任务如下：
1. 分析凸轮机构的类型、工作特性。
2. 设计压力机送料凸轮机构。</td></tr>
<tr><td>学时安排</td><td>资讯
1 学时</td><td>计划
0.5 学时</td><td>决策
0.5 学时</td><td>实施
2 学时</td><td>检查
0.5 学时</td><td>评价
0.5 学时</td></tr>
<tr><td>提供资料</td><td colspan="6">1. 胡家秀. 简明机械零件设计实用手册（第 2 版）. 北京：机械工业出版社，2012。
2. 李敏. 机械设计与应用. 北京：机械工业出版社，2010。
3. 封立耀. 机械设计基础实例教程. 北京：北京航空航天大学出版社，2007。
4. 孟玲琴. 机械设计基础课程设计. 北京：北京理工大学出版社，2013。
5. 压力机使用说明书。
6. 压力机安全技术操作规程。
7. 机械设计技术要求。</td></tr>
<tr><td>对学生的要求</td><td colspan="6">1. 能对任务书进行分析，能正确理解和描述目标要求。
2. 具有独立思考、善于提问的学习习惯。
3. 具有查询资料和市场调研能力，具备严谨求实和开拓创新的学习态度。
4. 能执行企业“5S”质量管理体系要求，具备良好的职业意识和社会能力。
5. 具备一定的观察理解和判断分析能力。
6. 具有团队协作、爱岗敬业的精神。
7. 具有一定的创新思维和勇于创新的精神。
8. 按时、按要求上交作业，并列入考核成绩。</td></tr>
</table>

1.4.2 资讯

1. 凸轮机构的设计与选用资讯单（表 1-29）

表 1-29 凸轮机构的设计与选用资讯单

学习领域	机械设计与应用		
学习情境 1	机构的设计与选用	学时	25 学时
任务 4	凸轮机构的设计与选用	学时	4 学时
资讯方式	学生根据教师给出的资讯引导进行查询解答		
资讯问题	1. 凸轮机构由哪几部分组成？ 2. 凸轮机构常用的运动规律有哪些？ 3. 压力机中的凸轮机构有什么作用？ 4. 怎样绘制送料凸轮机构的运动简图？ 5. 如何计算凸轮机构的自由度？如何判断凸轮机构是否具有确定的相对运动？ 6. 怎样设计压力机中送料凸轮的轮廓？ 7. 凸轮机构的基本参数如何确定？		
资讯引导	1. 问题 1 可参考信息单信息资料第一部分内容和李敏主编的《机械设计与应用》第 56—59 页。 2. 问题 2 可参考信息单信息资料第一部分内容和李敏主编的《机械设计与应用》第 59—62 页。 3. 问题 3 可参考信息单信息资料第一部分内容。 4. 问题 4 可参考信息单信息资料第二部分内容和李敏主编的《机械设计与应用》第 36—38 页。 5. 问题 5 可参考信息单信息资料第二部分内容和李敏主编的《机械设计与应用》第 38—42 页。 6. 问题 6 可参考信息单信息资料第三部分内容和封立耀主编的《机械设计基础实例教程》第 71—73 页。 7. 问题 7 可参考信息单信息资料第四部分内容和封立耀主编的《机械设计基础实例教程》第 79—81 页。		

2. 凸轮机构的设计与选用信息单（表 1-30）

表 1-30　凸轮机构的设计与选用信息单

学习领域	机械设计与应用		
学习情境 1	机构的设计与选用	学时	25 学时
任务 4	凸轮机构的设计与选用	学时	4 学时
序号	信息内容		

一　凸轮机构的工作分析

1. 凸轮机构的应用案例

压力机中采用凸轮机构将毛坯送入模腔并将成品推出。

2. 凸轮机构的组成与工作原理分析

凸轮机构由凸轮、从动件和机架三个基本构件组成，如图 1-28 所示。凸轮是一个具有控制从动件运动规律的曲线轮廓或凹槽的主动件，通常做连续等速转动或往复移动，从动件则在凸轮轮廓驱动下按照预定运动规律做往复直线运动或摆动。

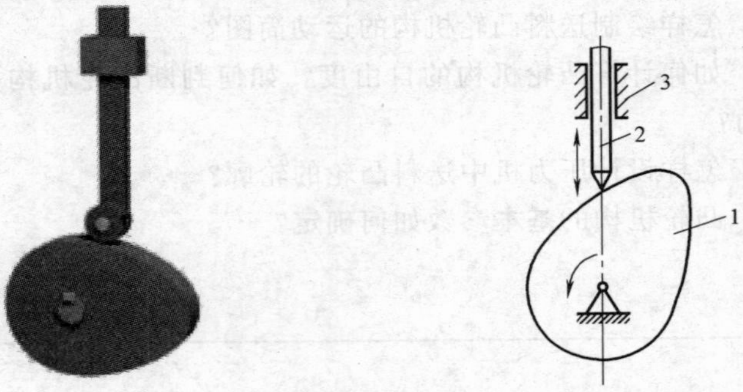

图 1-28　凸轮机构组成

1—凸轮　2—从动件　3—机架

3. 从动件常用的运动规律特点

（1）等速运动规律　产生刚性冲击，适用于低速、轻载的场合。

（2）等加速、等减速运动规律　产生柔性冲击，适用于中速、中载的场合。

（3）简谐运动规律（余弦加速度运动规律）　产生柔性冲击，适用于中高速、中载的场合。

二　送料凸轮机构自由度计算及凸轮机构是否具有确定相对运动的判断

1. 送料凸轮机构运动简图的绘制

送料凸轮机构运动简图如图 1-29 所示。

2. 凸轮机构自由度的计算

$$F=3n-2P_L-P_H=3\times2-2\times2-1=1$$

3. 判断凸轮机构是否具有确定的相对运动

因为凸轮机构自由度 F 等于 1，原动件个数也为 1，且 $F>0$，故凸轮机构具有确定的相对运动。

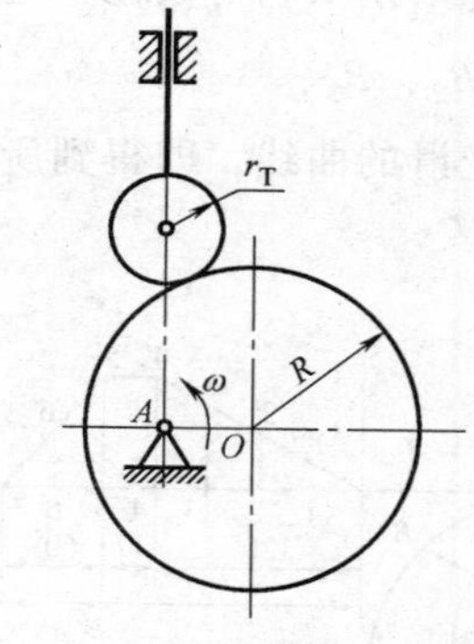

图 1-29　凸轮机构运动简图

三	凸轮机构的设计

1. 凸轮轮廓设计的基本原理和一般设计步骤

图 1-30 所示为尖顶对心直动从动件盘形凸轮机构，当凸轮以等角速度 ω 逆时针转动时，推杆按照预定的运动规律运动。绘制凸轮时应使凸轮相对静止，如果假想给整个凸轮系统加上一个与凸轮角速度 ω 大小相等、方向相反的公共角速度“$-\omega$”，则凸轮相对静止，而从动件一方面按照原有运动规律与机架导路做往复相对移动，另一方面随机架以角速度“$-\omega$”绕点 O 反转。由于从动件尖顶始终与凸轮轮廓保持接触，所以从动件在反转过程中，其尖顶的运动轨迹就是凸轮的轮廓曲线。这就是凸轮轮廓设计的基本原理，即“反转法”原理。

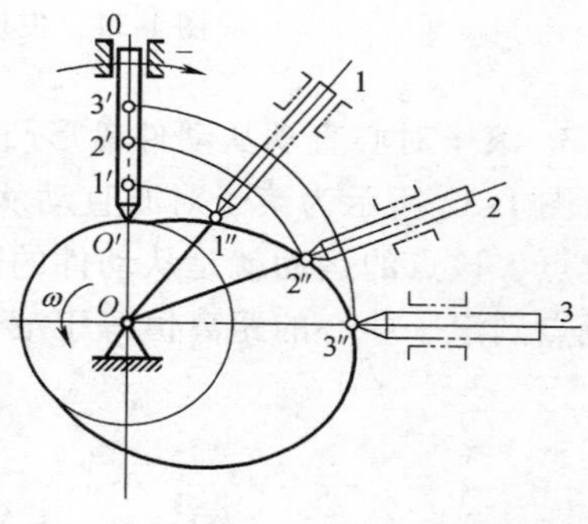

图 1-30　反转法原理

凸轮的一般设计步骤为：①确定从动件运动规律；②确定凸轮的类型和结构尺寸；③设计凸轮的轮廓曲线；④绘制凸轮工作图。

2. 尖顶对心直动从动件盘形凸轮轮廓线设计

已知从动件的运动规律、凸轮的基圆半径 r_b 及转动方向 ω，设计盘形凸轮轮廓曲线。

作图步骤如下：

1）选取适当的比例尺 μ_l，作出从动件的位移线图。

2）选取与位移线图相同的比例尺，以点 O 为圆心，以 r_b 为半径作基圆。基圆与导路的交点 A_0 即为从动件尖顶的起始位置。

3）在基圆上，自 OA_0 开始，沿“$-\omega$”方向依此量取推程角 120°，远停程角 30°，回程角 60°，近停程角 150°，并将推程角、回程角分成与位移线图对应的若干等份，得点 A_1，A_2，A_3，…，连接 OA_1，OA_2，OA_3，…各径向线并延长，便得从动件导路在反转过程中的一系列位置线。

4）沿各位置线自基圆向外量取 $A_1B_1=11'$，$A_2B_2=22'$，$A_3B_3=33'$，…由此得尖顶从动件反转过程中的一系列位置 B_1，B_2，B_3，…。

5）将 B_1，B_2，B_3，…连接成光滑的曲线，即得到所设计的凸轮轮廓曲线，如图 1-31 所示。

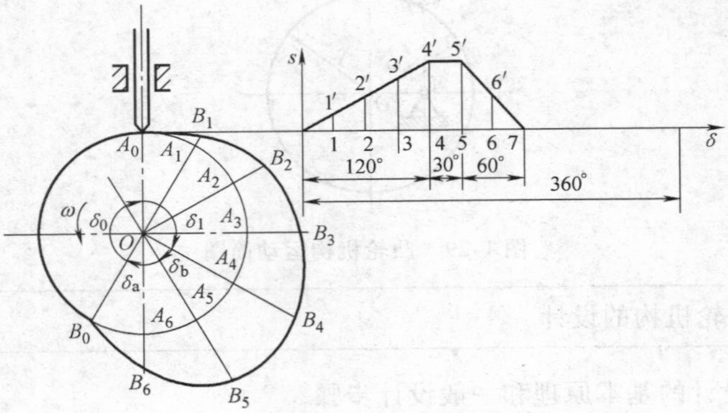

图 1-31　尖顶对心直动从动件盘形凸轮轮廓曲线

3. 滚子对心直动从动件盘形凸轮廓线设计

图 1-32 所示为滚子对心直动从动件盘形凸轮机构。由于滚子中心是从动件上的一个固定点，该点的运动就是从动件的运动，而滚子始终与凸轮轮廓保持接触，沿法线方向的接触点到滚子中心的距离恒等于滚子半径 r_T。

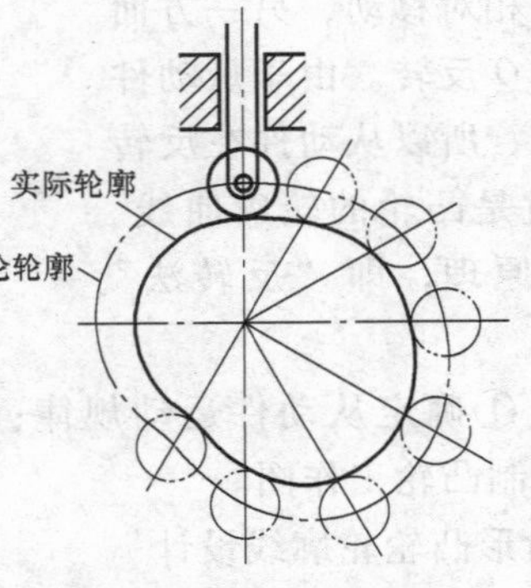

图 1-32　滚子对心直动从动件盘形凸轮轮廓曲线

作图步骤如下：

1）将滚子中心看作尖顶从动件的尖顶，按设计尖顶从动件凸轮轮廓的方法作出滚子中心相对于凸轮的运动轨迹曲线，称为凸轮的理论轮廓曲线。

2）以理论轮廓曲线上的点为圆心，以滚子半径 r_T 为半径作一系列滚子圆（选取与基圆相同的长度比例尺），再作这些圆的内包络线，则得到凸轮的实际轮廓曲线。

应注意的是，凸轮的基圆指的是理论轮廓线上的基圆，凸轮的实际轮廓曲线是与理论轮廓曲线相距滚子半径 r_T 的一条等距曲线。

四	凸轮机构基本参数的确定

凸轮机构的基本参数主要有压力角、基圆半径、滚子半径。

1. 压力角的校核

凸轮轮廓绘制完成后，为确保传力性能，通常需进行推程压力角的校核，检验是否满足 $\alpha_{max} \leqslant [\alpha]$ 的要求。凸轮机构的最大压力角 α_{max} 一般出现在理论轮廓线上较陡或从动件最大速度时的轮廓附近。校验压力角时，可在此选取若干个点，作出这些点的压力角，测量其大小；也可用图 1-33 所示的方法，用量角尺直接量取校核。

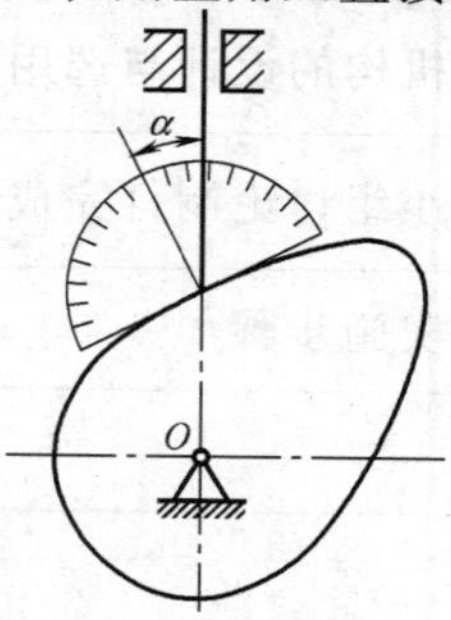

图 1-33　凸轮机构压力角的测量

移动从动件凸轮机构推程最大压力角要求小于或等于 30°。

2. 基圆半径的确定

设计凸轮机构时，基圆半径的确定方法如下：

1）根据凸轮轴的结构确定。当凸轮与轴做成一体时，凸轮工作轮廓的最小半径应略大于轴的半径。当凸轮与轴单独加工时，凸轮工作轮廓的最小半径应略大于轮毂的半径。可取 $r_b = (1.6 \sim 2)\ r$，r 为轴的半径。

2）利用诺模图。对于对心直动从动件盘形凸轮机构，工程上已制备了几种运动规律的诺模图，由图可确定最小基圆半径。关于诺模图，读者可查取有关技术资料。

基圆半径越大，压力角越小。通常采用的设计原则是：在保证机构的最大压力角 $\alpha_{max} \leqslant [\alpha]$ 的条件下，选取尽可能小的基圆半径。校核时，如果发现 $\alpha_{max} > [\alpha]$，压力角不符合要求，可采取增大基圆半径的办法，也可采用将对心凸轮机构改为偏置凸轮机构的方法，使压力角满足要求。

3. 滚子半径的确定

滚子半径越大，强度、耐磨性越好。但是滚子半径增大对凸轮轮廓曲线影响很大，如果滚子半径选择不当，从动件将不能实现所预期的运动规律。因此采用滚子从动件时，应选择适当的滚子半径，要综合考虑滚子的强度、结构及凸轮轮廓曲线的形状等多方面的因素。对于外凸的凸轮轮廓，应使滚子半径 r_T 小于理论轮廓线的最小曲率半径 ρ_{min}，通常取 $r_T \leqslant 0.8\rho_{min}$。

1.4.3 计划

根据任务内容制订小组任务计划，简要说明任务实施过程的步骤及注意事项，将计划内容等填入凸轮机构的设计与选用计划单，见表1-31。

表1-31 凸轮机构的设计与选用计划单

学习领域	机械设计与应用			
学习情境1	机构的设计与选用		学时	25学时
任务4	凸轮机构的设计与选用		学时	4学时
计划方式	由小组讨论制订完成本小组实施计划			
序号	实施步骤		使用资源	
制订计划说明				
计划评价	评语：			
班级		第 组	组长签字	
教师签字			日期	

1.4.4 决策

各小组之间讨论工作计划的合理性和可行性，选定合适的工作计划，进行决策，填写凸轮机构的设计与选用决策单，见表1-32。

表1-32 凸轮机构的设计与选用决策单

学习领域	机械设计与应用					
学习情境1	机构的设计与选用				学时	25学时
任务4	凸轮机构的设计与选用				学时	4学时
方案讨论					组号	
	组别	步骤顺序性	步骤合理性	实施可操作性	选用工具合理性	原因说明
	1					
	2					
	3					
	4					
	5					
	1					
	2					
方案决策	3					
	4					
	5					
	1					
	2					
	3					
	4					
	5					
方案评价	评语：（根据组内的决策，对照计划进行修改并说明修改原因）					
班级		组长签字		教师签字		月 日

1.4.5 实施

1. 实施准备

任务实施准备主要有场地准备、教学仪器（工具）准备、资料准备，见表1-33。

表1-33 凸轮机构的设计与选用实施准备

场地准备	教学仪器（工具）准备	资料准备
机械设计实训室（多媒体）	压力机、连杆机构、绘图工具	1. 李敏．机械设计与应用．北京：机械工业出版社，2010。 2. 封立耀．机械设计基础实例教程．北京：北京航空航天大学出版社，2007。 3. 压力机使用说明书。 4. 压力机安全技术操作规程。 5. 机械设计技术要求。

2. 实施任务

依据计划步骤实施任务，并完成作业单的填写。凸轮机构的设计与选用作业单见表1-34。

表1-34 凸轮机构的设计与选用作业单

学习领域	机械设计与应用		
学习情境1	机构的设计与选用	学时	25学时
任务4	凸轮机构的设计与选用	学时	4学时
作业方式	小组分析，个人解答，现场批阅，集体评判		
1	绘制压力机送料凸轮机构运动简图。		
作业解答：			

2	完成精压机中送料凸轮机构的设计。设计参数和要求：送料凸轮机构采用盘形凸轮机构（图 1-27），将坯料送入模腔，并将成品推出，坯料输送最大距离为 200mm，基圆半径为 100mm，用作图法设计盘形凸轮机构。

作业解答：

作业评价：

班级		组别		组长签字	
学号		姓名		教师签字	
教师评分		日期			

1.4.6 检查评价

学生完成本学习任务后，应展示的结果有完成的计划单、决策单、作业单、检查单、评价单。

1. 凸轮机构的设计与选用检查单（表 1-35）

表 1-35 凸轮机构的设计与选用检查单

学习领域	机械设计与应用			
学习情境 1	机构的设计与选用		学时	25 学时
任务 4	凸轮机构的设计与选用		学时	4 学时
序号	检查项目	检查标准	学生自查	教师检查
1	任务书阅读与分析能力，正确理解及描述目标要求	准确理解任务要求		
2	与同组同学协商，确定人员分工	较强的团队协作能力		
3	资料的分析、归纳能力	较强的资料检索能力和分析、归纳能力		
4	凸轮机构的设计能力	凸轮机构运动特性分析正确，凸轮机构设计方法正确、步骤全面		
5	测量工具应用能力	工具使用规范，测量方法正确		
6	安全生产与环保	符合“5S”要求		
检查评价	评语：			
班级		组别		组长签字
教师签字			日期	

2. 凸轮机构的设计与选用评价单（表1-36）

表1-36　凸轮机构的设计与选用评价单

学习领域	机械设计与应用						
学习情境1	机构的设计与选用			学时		25学时	
任务4	凸轮机构的设计与选用			学时		4学时	
评价类别	评价项目	子项目		个人评价	组内互评		教师评价
专业能力（60%）	资讯（8%）	搜集信息（4%）					
		引导问题回答（4%）					
	计划（5%）	计划可执行度（5%）					
	实施（12%）	工作步骤执行（3%）					
		功能实现（3%）					
		质量管理（2%）					
		安全保护（2%）					
		环境保护（2%）					
	检查（10%）	全面性、准确性（5%）					
		异常情况排除（5%）					
	过程（15%）	使用工具规范性（7%）					
		操作（分析设计）过程规范性（8%）					
	结果（5%）	结果质量（5%）					
	作业（5%）	作业质量（5%）					
社会能力（20%）	团结协作（10%）	对小组的贡献（5%）					
		小组合作配合状况（5%）					
	敬业精神（10%）	吃苦耐劳精神（5%）					
		学习纪律性（5%）					
方法能力（20%）	计划能力（10%）						
	决策能力（10%）						
评价评语	评语：						
班级		组别		学号		总评	
教师签字		组长签字		日期			

1.4.7 实践中常见问题解析

1. 绘制凸轮轮廓曲线时，因采用的是“反转法”原理，所以绘制轮廓曲线时应沿“$-\omega$”方向依次画出。

2. 滚子从动件凸轮机构的基圆为理论轮廓线上的最小半径所作的圆。

3. 滚子从动件凸轮机构的凸轮实际轮廓线是以凸轮理论轮廓线上的点为圆心，以滚子半径为半径所作的一系列的圆的内包络线，而不应在各径向线上向外量取滚子半径而得到。

1.4.8 知识拓展 间歇运动机构的工作情况分析

间歇运动机构能够将原动件的连续转动转变为从动件周期性运动和停歇，主要类型有棘轮机构、槽轮机构、不完全齿轮机构。

1. 棘轮机构

棘轮机构由棘轮、棘爪、摇杆及机架组成，如图 1-34 所示。当摇杆往复摆动时，棘轮做单向时动时停的间歇运动。齿式棘轮机构结构简单，制造方便，工作可靠，棘轮每次转动的转角等于棘轮齿距角的整数倍；缺点是工作时冲击较大，棘爪在棘轮齿背上滑过时会发出噪声。

图 1-34 棘轮机构

棘轮机构适用于低速、轻载的场合，通常用来完成间歇进给式输送和超越等工作任务，在机械中应用较广。

棘轮转角可以在一定范围内调节，常用的方法有：①通过改变摇杆摆角的大小来调节棘轮的转角；②利用遮板来调节棘轮的转角。

2. 槽轮机构

如图 1-35 所示，槽轮机构由具有圆销的主动拨盘、具有径向槽的槽轮和机架组成。拨盘匀速连续转动，使槽轮实现单向间歇运动。槽轮机构分为外槽轮机构和内槽轮机构。拨盘转一周，槽轮转动的次数取决于主动圆销数 k。

槽轮机构结构简单，工作可靠，在进入和脱离啮合时运动较平稳，能准确控制转动的角度。但槽轮的转角大小不能调节，而且在槽轮转动的始、末位置加速度变化较大，所以有冲击。槽轮机构一般应用在转速不高的自动机械中，作为转位机构。

3. 不完全齿轮机构

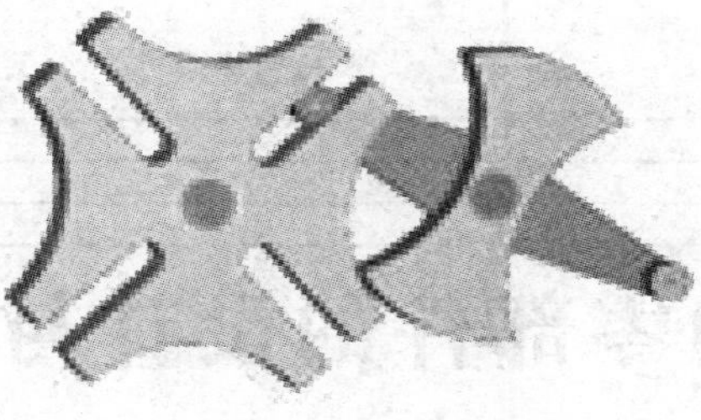

图 1-35　槽轮机构

如图 1-36 所示，不完全齿轮机构由一个或几个齿的不完全齿轮、具有正常轮齿和带锁止弧的齿轮及机架组成。主动齿轮的连续转动带动从动齿轮间歇转动。

不完全齿轮机构与其他间歇运动机构相比，优点是结构简单，制造方便，从动轮的运动时间和静止时间的比例不受机构结构的限制；缺点是从动轮在转动开始和终止时，角速度有突变，冲击较大，一般只用于低速或轻载场合，常用于多工位自动机和半自动机工作台的间歇转位及某些间歇进给机构中。

图 1-36　不完全齿轮机构

学习情境 2

传动零部件的设计与选用

【学习目标】

通过对压力机传动零部件的设计训练，学生能够掌握带传动和齿轮传动的类型、特点及应用；能够掌握齿轮传动参数及几何尺寸计算方法；能够正确使用、维护带传动和齿轮传动；能够设计标准 V 带传动和齿轮传动；能够进行轮系传动比的计算。

【学习任务】

1. 带传动的设计与选用。
2. 直齿圆柱齿轮传动的设计与选用。
3. 斜齿圆柱齿轮传动的设计与选用。
4. 轮系传动比的计算。

【情境描述】

压力机传动零部件包含带传动、齿轮传动，由电动机输出的动力通过带传动、齿轮传动传递给曲柄滑块机构来完成冲压工作。图 2-1 所示为压力机传动系统，主传动系统由电动机驱动，动力经带传动传递给齿轮转动。本学习情境要完成压力机传动零部件的设计与选用，所需设备（工具）和材料有压力机及其使用说明书、扳手、游标卡尺、计算器、多媒体等。学生分组制订工作计划并实施，完成带传动、齿轮传动的设计及轮系传动比的计算等任务，最终完成作业单中的工作内容，掌握机器中传动零部件的设计和选用方法，培养机械设计创新能力。

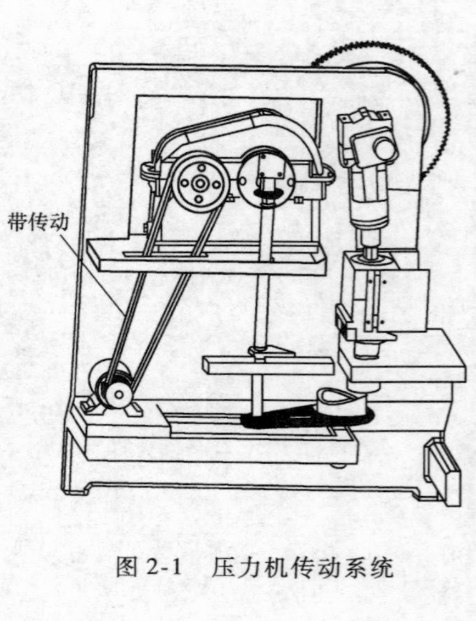

图 2-1 压力机传动系统

任务 2.1　带传动的设计与选用

2.1.1　任务描述

带传动的设计与选用任务单见表 2-1。

表 2-1　带传动的设计与选用任务单

学习领域	机械设计与应用		
学习情境 1	传动零部件的设计与选用	学时	30 学时
任务 1	带传动的设计与选用	学时	6 学时
布置任务			
学习目标	1. 能够分析带传动的类型、特点和应用。 2. 能够正确使用和维护带传动。 3. 能够设计标准 V 带传动。		
任务描述	设计压力机中的带传动。工作参数：带传动输入功率为 7.28kW，主动带轮转速为 720r/min。压力机带传动如图 2-2 所示。 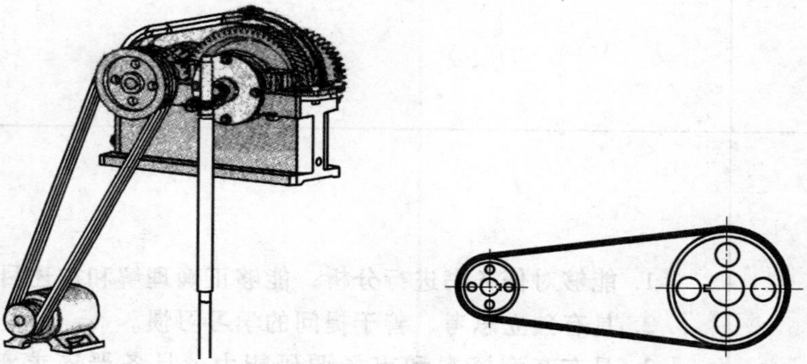 图 2-2　压力机带传动		
任务分析	带传动是一种常用的动力传动装置，压力机中的带传动属于摩擦式带传动，传递的转矩不能太大，宜布置在转矩较小的高速级。具体任务如下： 1. 分析带传动的类型、特点和应用。 2. 分析压力机中带传动的结构、标准、工作原理和工作特性。 3. 确定带的型号、带的基准长度等参数和尺寸，设计带传动，进行带传动的安装和调试。		

学时安排	资讯 2 学时	计划 0.5 学时	决策 0.5 学时	实施 2 学时	检查 0.5 学时	评价 0.5 学时
提供资料	1. 胡家秀. 简明机械零件设计实用手册（第 2 版）. 北京：机械工业出版社，2012。 2. 李敏. 机械设计与应用. 北京：机械工业出版社，2010。 3. 封立耀. 机械设计基础实例教程. 北京：北京航空航天大学出版社，2007。 4. 孟玲琴. 机械设计基础课程设计. 北京：北京理工大学出版社，2013。 5. 压力机使用说明书。 6. 压力机安全技术操作规程。 7. 机械设计技术要求。					
对学生的要求	1. 能够对任务书进行分析，能够正确理解和描述目标要求。 2. 具有独立思考、善于提问的学习习惯。 3. 具有查询资料和市场调研能力，具备严谨求实和开拓创新的学习态度。 4. 能够执行企业“5S”质量管理体系要求，具备良好的职业意识和社会能力。 5. 具备一定的观察理解和判断分析能力。 6. 具有团队协作、爱岗敬业的精神。 7. 具有一定的创新思维和勇于创新的精神。 8. 按时、按要求上交作业，并列入考核成绩。					

2.1.2 资讯

1. 带传动的设计与选用资讯单（表 2-2）

表 2-2 带传动的设计与选用资讯单

<table>
<tr><td>学习领域</td><td colspan="3">机械设计与应用</td></tr>
<tr><td>学习情境 2</td><td>传动零部件的设计与选用</td><td>学时</td><td>30 学时</td></tr>
<tr><td>任务 1</td><td>带动传动的设计与选用</td><td>学时</td><td>6 学时</td></tr>
<tr><td>资讯方式</td><td colspan="3">学生根据教师给出的资讯引导进行查询解答</td></tr>
<tr><td>资讯问题</td><td colspan="3">1. 压力机中带传动由哪几部分组成？
2. V 带传动的工作原理是什么？
3. V 带传动的技术参数有哪些？
4. V 带传动的传动能力和哪些因素有关？
5. V 带传动的失效形式和设计准则是什么？
6. 如何进行 V 带传动的设计？
7. 如何进行 V 带传动的张紧和维护？</td></tr>
<tr><td>资讯引导</td><td colspan="3">1. 问题 1 可参考信息单信息资料第一部分内容和李敏主编的教材《机械设计与应用》第 77—78 页。
2. 问题 2 可参考信息单信息资料第一部分内容和李敏主编的教材《机械设计与应用》第 77—78 页。
3. 问题 3 可参考信息单信息资料第一部分内容和李敏主编的教材《机械设计与应用》第 79—81 页。
4. 问题 4 可参考信息单信息资料第二部分内容和李敏主编的教材《机械设计与应用》第 82 页。
5. 问题 5 可参考信息单信息资料第三部分内容和李敏主编的教材《机械设计与应用》第 84 页。
6. 问题 6 可参考信息单信息资料第三部分内容和李敏主编的教材《机械设计与应用》第 86—90 页。
7. 问题 7 可参考信息单信息资料第四部分内容和李敏主编的教材《机械设计与应用》第 91 页。</td></tr>
</table>

2. 带传动的设计与选用信息单（表 2-3）

表 2-3　带传动的设计与选用信息单

学习领域	机械设计与应用		
学习情境 2	传动零部件的设计与选用	学时	30 学时
任务 1	带传动的设计与选用	学时	6 学时
序号	信息资料		
一	带传动工作分析		

带传动是利用张紧在带轮上的柔性带进行运动或动力传递的一种机械传动。

1. 带传动的组成和类型

带传动由主动带轮 1、从动带轮 2 和紧套在两带轮上的环形带 3 组成。

根据工作原理不同，传动带可分为摩擦式带传动和啮合式带传动两种，如图 2-3 所示。

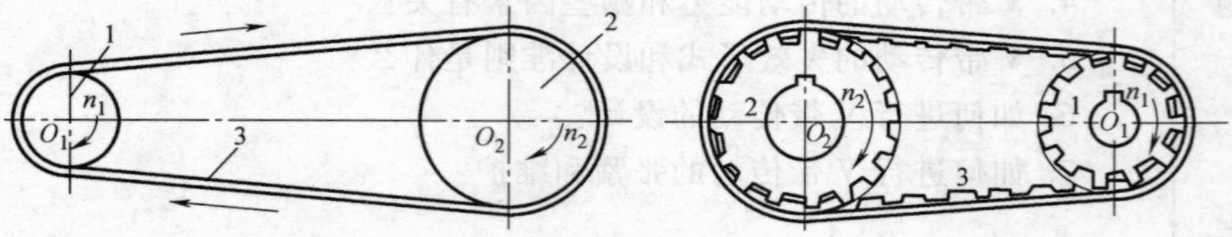

a)　　b)

图 2-3　带传动的组成和类型

a）摩擦式带传动　b）啮合式带传动

1—主动带轮　2—从动带轮　3—带

按照截面形状不同，传动带分为平带、V 带、圆带、多楔带、同步带等多种类型，图 2-4 所示为部分带的实物横截面。V 带传动中带的两侧面为工作面，与带轮的 V 形轮槽接触后产生的摩擦力大，传动能力强，且结构紧凑，在机械中得到广泛应用。

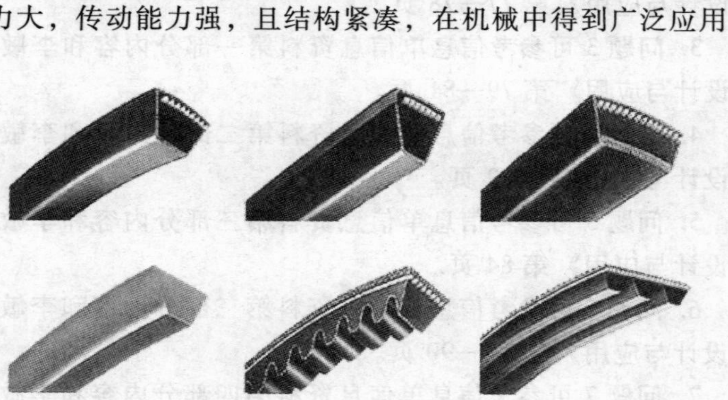

图 2-4　传动带的横截面类型

2. 带传动的特点和应用

（1）带传动的特点　挠性带能缓和冲击和吸收振动，所以工作平稳，噪声小；过载时带在带轮上打滑，可以避免其他零件的损坏，起到安全保护作用；结构简单，制造、安装、维护方便，成本低。

（2）带传动的应用　带传动一般应用于两轴中心距较大的场合，但传动比不准确，传动效率较低（92%～96%），轴上的压力大，不适于高温和有化学腐蚀的场合。一般传递功率不超过50kW，带的工作速度为5～25m/s，传动比为$i\leqslant 5$。

3. V带的结构和标准

V带一般为无接头的环形，由包布层、顶胶、抗拉体和底胶四部分组成，如图2-5所示。抗拉层主要承受拉力，有帘布结构和线绳结构两种。

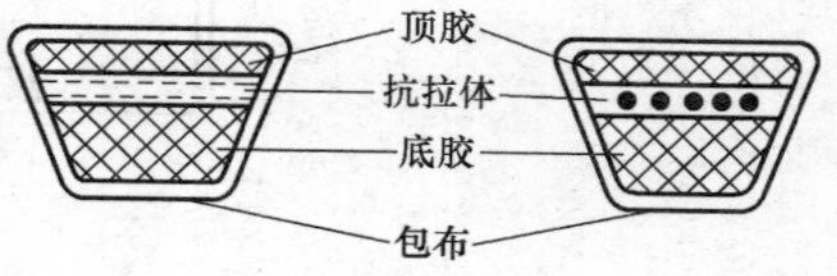

图2-5　V带的结构

标准的普通V带按照截面尺寸分为Y、Z、A、B、C、D、E七种型号。

V带的标记由带的型号、基准长度公称值和标准号组成，如B 1000 GB/T 11544，表示B型V带，基准长度公称值为1000mm。

4. V带轮

（1）V带轮的材料　带轮材料常采用灰铸铁、钢、铝合金或工程塑料，其中灰铸铁应用最广。当带轮的圆周速度在25m/s以下时，用HT150或HT200；当转速较高时，可采用铸钢或钢板冲压焊接结构；传递小功率时可用铸铝或塑料，以减轻带轮重量。

（2）V带轮的结构　带轮由轮缘、轮辐、轮毂三部分组成。根据轮辐结构不同，分为实心式带轮、腹板式带轮、孔板式带轮、轮辐式带轮。带轮直径＜150mm时常采用实心式；带轮直径为150～450 mm时常采用腹板式或孔板式；带轮直径＞450mm时常采用轮辐式。带轮结构如图2-6所示。

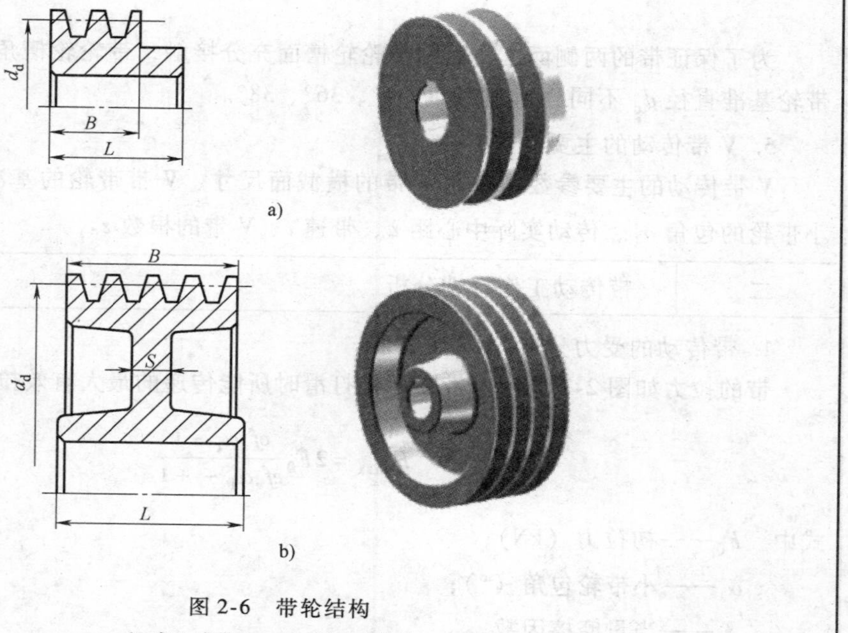

图2-6　带轮结构

a）实心式带轮　b）腹板式带轮

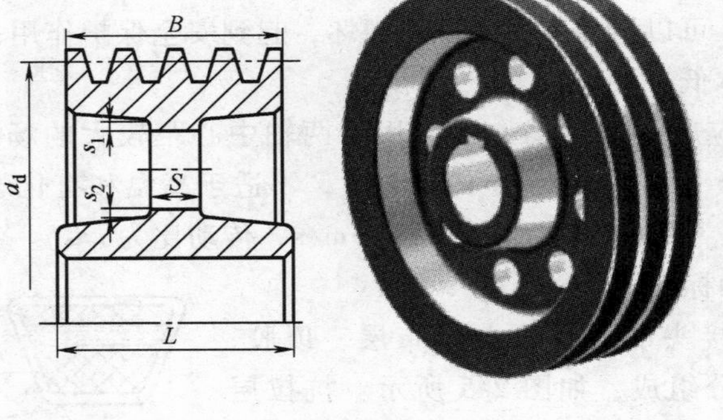

c)

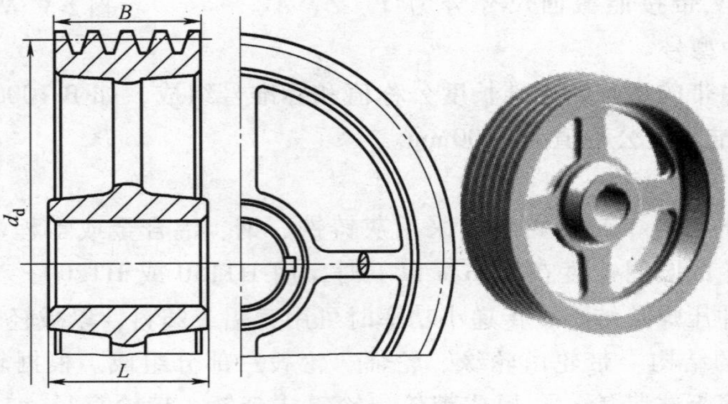

d)

图 2-6　带轮结构（续）

c）孔板式带轮　d）轮辐式带轮

为了保证带的两侧面工作面和带轮轮槽面充分接触，带轮轮槽角 φ 均小于 40°，并按带轮基准直径 d_d 不同分别有 32°、34°、36°、38°。

5. V 带传动的主要参数

V 带传动的主要参数：普通 V 带的横截面尺寸、V 带带轮的基准直径 d_d、传动比 i、小带轮的包角 a_1、传动实际中心距 a、带速 v、V 带的根数 z。

二	带传动工作特性分析

1. 带传动的受力分析

带的拉力如图 2-7 所示。带在即将打滑时所能传递的最大有效拉力为

$$F_{tmax}=2F_0\frac{ef_v\alpha_1-1}{ef_v\alpha_1- +1} \tag{2-1}$$

式中　F_0——初拉力（kN）；

α_1——小带轮包角（°）；

f_v——当量摩擦因数。

带传动的最大有效拉力 F_{tmax} 与初拉力 F_0、小带轮包角 α_1、带与带轮间的当量摩擦因数 f_v 有关。增大 F_0、α_1、f_v，都可以提高带传动的工作能力，但并不是说 F_0、α_1、f_v 可以无限增大，而是在一定的范围内。如果 F_0 太大，则传动带过紧，导致发热，损耗大，甚至损坏轴承。

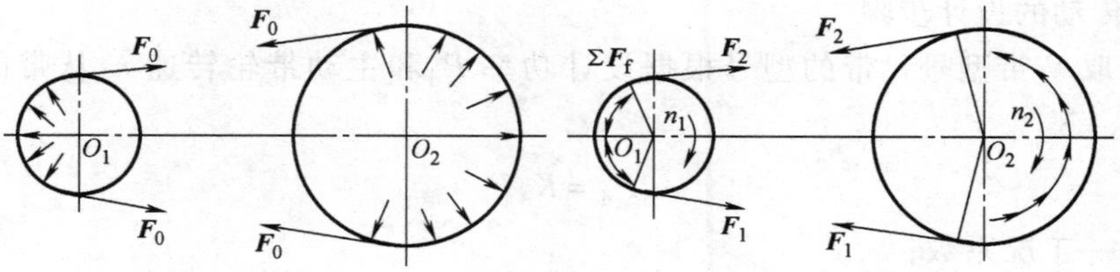

图 2-7　带的拉力

2. 带传动的应力分析

带在工作时受到三种应力的作用：①拉应力；② 离心应力；③弯曲应力。带的应力分布如图 2-8 所示。最大应力发生在带绕入小带轮处。由于带各截面上的应力随着带的运动而变化，工作一段时间后，将会发生疲劳破坏。

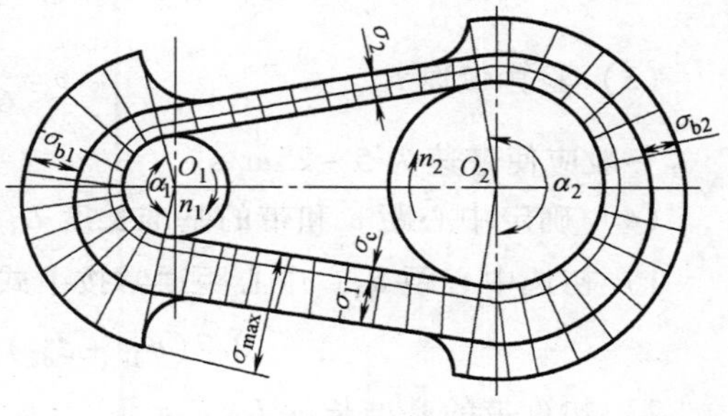

图 2-8　带的应力分布图

3. 滑动分析

带在工作的过程中，由于紧边和松边拉力不同，弹性体带的变形也不同，这种由于带的弹性变形变化而引起的带与带轮间的相对滑动称为弹性滑动。

考虑弹性滑动影响的传动比为

$$i = \frac{n_1}{n_2} = \frac{d_{d2}}{d_{d1}(1-\varepsilon)} \tag{2-2}$$

式中　d_{d1}、d_{d2}——两带轮的基准直径（mm）；

ε——滑动率。

滑动率为

$$\varepsilon = \frac{v_1 - v_2}{v_1} \times 100\% \tag{2-3}$$

式中　v_1——带传动紧边带速（m/s）；

v_2——带传动松边带速（m/s）。

弹性滑动是带在正常工作时，由于紧边和松边拉力差引起的，是传动中不可避免的现象，和过载时的打滑完全不同。打滑是带在带轮的全部接触弧上的显著滑动。出现打滑时，带传动系统不能正常工作，而且会造成严重磨损。打滑是带传动的失效形式之一，是可以避免的。

4. 带传动的主要失效形式

带传动的主要失效形式为打滑和疲劳破坏。

三	V 带传动的设计计算

1. 带传动的设计准则

带传动的设计准则：在保证传动不打滑的前提下，带具有足够的疲劳强度，以达到预期的使用寿命。

2. V 带传动的设计步骤

（1）选取 V 带型号　带的型号根据设计功率 P_d 和主动带轮转速 n_1 从带的选型图中选取

$$P_d = K_A P$$

式中　K_A——工况系数；

P——传递功率（kW）。

（2）确定主、从动带轮基准直径 d_{d1}、d_{d2}

（3）验算带速 v

$$v = \frac{\pi d_{d1} n_1}{60 \times 1000}$$

一般应使带速为 5 ~25m/s。

（4）确定中心距 a 和带的基准长度 L_d

1）初选中心距 a_0。中心距通常按下式初定

$$0.7(d_{d1} + d_{d2}) \leqslant a_0 \leqslant 2(d_{d1} + d_{d2})$$

2）初算带的基准长度 L_{d0}。

$$L_{d0} = 2a_0 + \frac{\pi(d_{d1} + d_{d2})}{2} + \frac{(d_{d2} - d_{d1})^2}{4a_0}$$

根据 L_{d0} 和带的型号，选取带的基准长度 L_d。

3）确定实际中心距 a。实际中心距由下式确定

$$a \approx a_0 + \frac{L_d - L_{d0}}{2}$$

（5）验算小带轮的包角 α_1

$$\alpha_1 = 180° - \frac{d_{d2} - d_{d1}}{a} \times 57.3°$$

一般应使 $\alpha_1 \geqslant 120°$。若不满足此条件，可采取适当增大中心距、减小两带轮的直径差或带轮外侧加张紧轮等措施。

（6）确定 V 带根数 z

$$z \geqslant \frac{P_d}{(P_0 + \Delta P_0) K_\alpha K_L}$$

式中　P_0——单根 V 带的额定功率（kW）；

ΔP_0——单根 V 带的额定功率增量（kW）；

K_α——包角修正系数；

K_L——带长修正系数。

V 带的根数不宜过多，一般为 3～6 根。

（7）确定带的初拉力 F_0　单根 V 带的初拉力可按下式计算

$$F_0 = \frac{500P_d}{zv}\left(\frac{2.5}{K_\alpha} - 1\right) + qv^2$$

式中　q——每米带长的质量（kg/m）。

（8）计算带轮轴上的压力 Q　轴上的压力可近似按初拉力的合力进行计算

$$Q = 2zF_0 \sin\frac{\alpha_1}{2}$$

（9）带轮的结构设计　带轮的结构设计参见《机械设计手册》，据此绘制带轮零件图。

四　V 带传动的张紧、安装和维护

1. 带传动的张紧

安装带传动时，带是以一定的初拉力套在带轮上的，但经过一定时间的运转后，会因塑性变形而伸长、松弛，导致传动能力下降甚至丧失。因此必须采用张紧装置，以保证必需的张紧力。常见的张紧方法有以下两大类。

（1）调整中心距　中心距的调整可采用滑轨和调节螺钉，或者采用摆动架或浮动架并调节螺栓的张紧方法如图 2-9a、b、c 所示。

图 2-9　带的张紧调整

a）采用调节螺钉和滑轨　b）采用摆动架　c）采用浮动架　d）采用张紧轮装置

（2）采用张紧轮装置　对于中心距不可调节的 V 带传动，利用张紧轮装置进行张紧，如图 2-9d 所示。张紧轮一般安装在带的松边内侧，尽量靠近大带轮处，以免使带受双向弯曲应力作用以及小带轮包角减小过多。这种方法可以任意调节张紧力的大小，增大包角，容易装拆，但影响带的寿命，并且不能逆转。

2. 带传动的安装

为了保证 V 带传动正常工作，延长带的使用寿命，应对带传动进行正确安装、调整、使用和维护。V 带传动正确安装要求见表 2-3-1。

表 2-3-1　V 带传动正确安装要求

序号	图例	安装要求
1	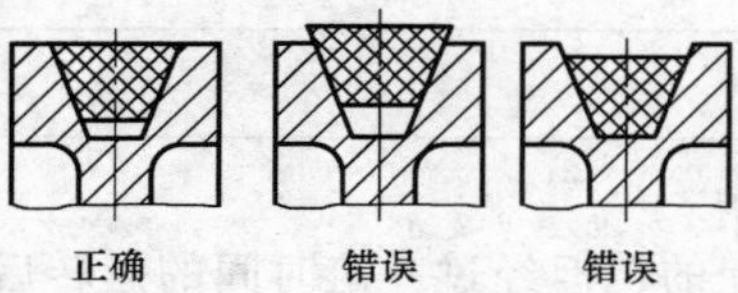	为保证 V 带截面与轮槽的正确位置，V 带的外边缘应与带轮的轮缘平齐
2	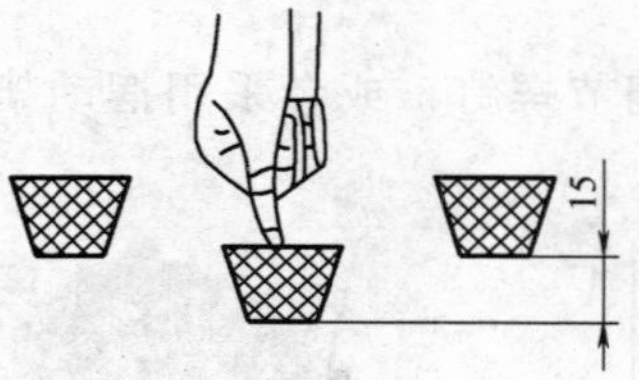	安装时，调小中心距或松开张紧轮套带，然后调整到合适的张紧程度，用大拇指将带按下能达到 15mm 左右时，则张紧程度合适。严禁将带强行撬入带轮
3	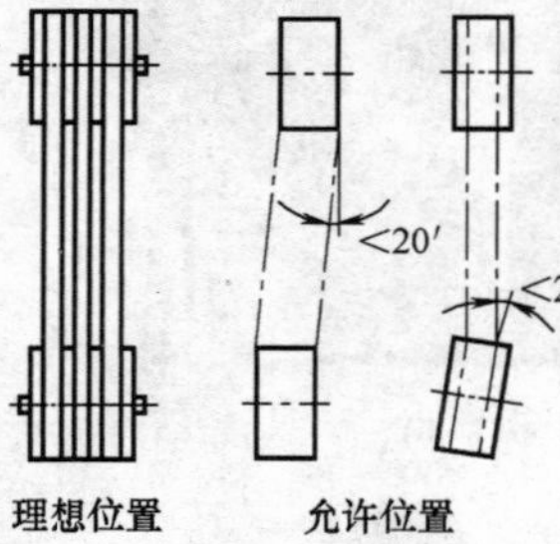	两带轮轴线应平行，两轮轮槽的对称平面应重合，其偏角误差应小于 20′

3. 带传动的维护

1）带传动应有防护罩，以免发生意外事故和保护带传动的工作环境，防止带与酸、碱或油接触而发生腐蚀。

2）为了使每根带受力均匀，同组使用的 V 带，其型号、基准长度、公差等级、生产厂家应相同。

3）多根带并用时，其中一根损坏，应全部更换，避免新、旧带混用时因带长不等而加速新带磨损。

4）带传动的工作温度不宜超过 60℃。

5）定期检查，及时调整。

2.1.3 计划

根据任务内容制订小组任务计划，简要说明任务实施过程的步骤及注意事项，将计划内容等填入带传动的设计与选用计划单，见表2-4。

表2-4 带传动的设计与选用计划单

学习领域	机械设计与应用			
学习情境2	传动零部件的设计与选用		学时	30学时
任务1	带传动的设计与选用		学时	6学时
计划方式	由小组讨论制订本小组任务计划			
序号	实施步骤		使用资源	
制订计划说明				
计划评价	评语：			
班级		第　　组	组长签字	
教师签字			日期	

2.1.4 决策

各小组之间讨论工作计划的合理性和可行性，选定合适的工作计划，进行决策，填写带传动的设计与选用决策单，见表 2-5。

表 2-5 带传动的设计与选用决策单

<table>
<tr><td>学习领域</td><td colspan="6">机械设计与应用</td></tr>
<tr><td>学习情境 2</td><td colspan="4">传动零部件的设计与选用</td><td>学时</td><td>30 学时</td></tr>
<tr><td>任务 1</td><td colspan="4">带传动的设计与选用</td><td>学时</td><td>6 学时</td></tr>
<tr><td colspan="5">方案讨论</td><td>组号</td><td></td></tr>
<tr><td rowspan="16">方案决策</td><td>组别</td><td>步骤
顺序性</td><td>步骤
合理性</td><td>实施可操
作性</td><td>选用工具
合理性</td><td>原因说明</td></tr>
<tr><td>1</td><td></td><td></td><td></td><td></td><td></td></tr>
<tr><td>2</td><td></td><td></td><td></td><td></td><td></td></tr>
<tr><td>3</td><td></td><td></td><td></td><td></td><td></td></tr>
<tr><td>4</td><td></td><td></td><td></td><td></td><td></td></tr>
<tr><td>5</td><td></td><td></td><td></td><td></td><td></td></tr>
<tr><td>1</td><td></td><td></td><td></td><td></td><td></td></tr>
<tr><td>2</td><td></td><td></td><td></td><td></td><td></td></tr>
<tr><td>3</td><td></td><td></td><td></td><td></td><td></td></tr>
<tr><td>4</td><td></td><td></td><td></td><td></td><td></td></tr>
<tr><td>5</td><td></td><td></td><td></td><td></td><td></td></tr>
<tr><td>1</td><td></td><td></td><td></td><td></td><td></td></tr>
<tr><td>2</td><td></td><td></td><td></td><td></td><td></td></tr>
<tr><td>3</td><td></td><td></td><td></td><td></td><td></td></tr>
<tr><td>4</td><td></td><td></td><td></td><td></td><td></td></tr>
<tr><td>5</td><td></td><td></td><td></td><td></td><td></td></tr>
<tr><td>方案评价</td><td colspan="6">评语：（根据组内的决策，对照计划进行修改并说明修改原因）</td></tr>
<tr><td>班级</td><td></td><td>组长签字</td><td></td><td>教师签字</td><td></td><td>月　日</td></tr>
</table>

2.1.5 实施

1. 实施准备

任务实施准备主要有场地准备、教学仪器（工具）准备、资料准备，见表2-6。

表2-6 带传动的设计与选用实施准备

场地准备	教学仪器（工具）准备	资料准备
机械设计实训室	压力机、绘图工具、计算器	1. 李敏. 机械设计与应用. 北京：机械工业出版社，2010。 2. 封立耀. 机械设计基础实例教程. 北京：北京航空航天大学出版社，2007。 3. 胡家秀. 简明机械零件设计实用手册（第2版）. 北京：机械工业出版社，2012。 4. 压力机使用说明书。 5. 压力机安全技术操作规程。 6. 机械设计技术要求。

2. 实施任务

依据计划步骤实施任务，并完成作业单的填写。带传动的设计与选用作业单见表2-7。

表2-7 带传动的设计与选用作业单

学习领域	机械设计与应用		
学习情境2	传动零部件的设计与选用	学时	30学时
任务1	带传动的设计与选用	学时	6学时
作业方式	小组分析，个人解答，现场批阅，集体评判		
1	压力机中带传动的组成和工作原理分析。		
作业解答：			

2	带传动的失效形式和设计准则分析。

作业解答：

3	设计压力机中的带传动。工作参数：带传动输入功率为 7.28kW，主动带轮转速为 720r/min。

作业解答：

作业评价：

班级		组别		组长签字	
学号		姓名		教师签字	
教师评分		日期			

2.1.6 检查评价

学生完成本学习任务后，应展示的结果有完成的计划单、决策单、作业单、检查单、评价单。

1. 带传动的设计与选用检查单（表2-8）

表2-8　带传动的设计与选用检查单

<table>
<tr><td>学习领域</td><td colspan="5">机械设计与应用</td></tr>
<tr><td>学习情境2</td><td colspan="3">传动零部件的设计与选用</td><td>学时</td><td>30学时</td></tr>
<tr><td>任务1</td><td colspan="3">带传动的设计与选用</td><td>学时</td><td>6学时</td></tr>
<tr><td>序号</td><td>检查项目</td><td colspan="2">检查标准</td><td>学生自查</td><td>教师检查</td></tr>
<tr><td>1</td><td>任务书阅读与分析能力，正确理解及描述目标要求</td><td colspan="2">准确理解任务要求</td><td></td><td></td></tr>
<tr><td>2</td><td>与同组同学协商，确定人员分工</td><td colspan="2">较强的团队协作能力</td><td></td><td></td></tr>
<tr><td>3</td><td>资料的查阅、分析和归纳能力</td><td colspan="2">较强的资料检索能力和分析总结能力</td><td></td><td></td></tr>
<tr><td>4</td><td>V带传动的参数选择与设计能力</td><td colspan="2">V带传动的参数选择正确，带传动的设计步骤完整，设计结果正确</td><td></td><td></td></tr>
<tr><td>5</td><td>安全生产与环保</td><td colspan="2">符合“5S”要求</td><td></td><td></td></tr>
<tr><td>6</td><td>设计缺陷的分析诊断能力</td><td colspan="2">问题判断准确，缺陷处理得当</td><td></td><td></td></tr>
<tr><td>检查评价</td><td colspan="5">评语：</td></tr>
<tr><td>班级</td><td></td><td>组别</td><td></td><td>组长签字</td><td></td></tr>
<tr><td>教师签字</td><td colspan="3"></td><td>日期</td><td></td></tr>
</table>

2. 带传动的设计与选用评价单（表 2-9）

表 2-9　带传动的设计与选用评价单

学习领域	机械设计与应用				
学习情境 2	传动零部件的设计与选用			学时	30 学时
任务 1	带传动的设计与选用			学时	6 学时
评价类别	评价项目	子项目	个人评价	组内互评	教师评价
专业能力（60%）	资讯（8%）	搜集信息（4%）			
		引导问题回答（4%）			
	计划（5%）	计划可执行度（5%）			
	实施（12%）	工作步骤执行（3%）			
		功能实现（3%）			
		质量管理（2%）			
		安全保护（2%）			
		环境保护（2%）			
	检查（10%）	全面性、准确性（5%）			
		异常情况排除（5%）			
	过程（15%）	使用工具规范性（7%）			
		操作（分析设计）过程规范性（8%）			
	结果（5%）	结果质量（5%）			
	作业（5%）	作业质量（5%）			
社会能力（20%）	团结协作（10%）	对小组的贡献（5%）			
		小组合作配合状况（5%）			
	敬业精神（10%）	吃苦耐劳精神（5%）			
		学习纪律性（5%）			
方法能力（20%）	计划能力（10%）				
	决策能力（10%）				
评价评语	评语：				

班级		组别		学号		总评	
教师签字			组长签字		日期		

2.1.7 实践中常见问题解析

1. 小带轮直径选得太大，带传动结构尺寸不紧凑；选得太小，带承受的弯曲应力过大。因此，应按照选型图中推荐的数据选取。

2. 带传动的中心距不宜过大，否则将由于载荷变化引起带的颤动；带传动的中心距也不宜过小，否则在单位时间内带的应力变化次数过多，将加速带的疲劳破坏，还会使小带轮包角过小，影响带的传动能力。

3. V带在轮槽中要有正确的位置。V带顶面要与轮槽外缘表面相平齐或略高出一些，底面与轮槽底部留有一定间隙，以保证带两侧面与轮槽良好接触，增加带传动的工作能力。如果带顶面高出轮槽外缘表面过多，则带与轮槽接触面积减小，摩擦力减小，带传动能力下降。如果带顶面过底，底部与轮槽底面接触，则摩擦力锐减，甚至丧失。

2.1.8 知识拓展 链传动的工作情况分析

链传动由主动链轮1、从动链轮2和绕在链轮上的环形链条3组成，如图2-10所示。链传动是靠链条与轮齿之间的啮合实现传动的，属于啮合传动。

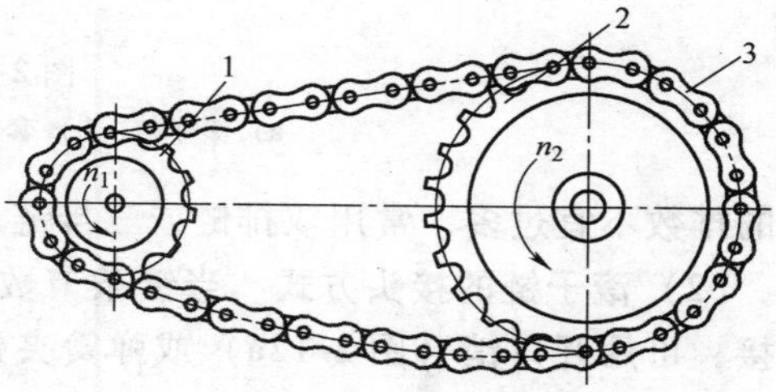

图2-10 链传动

1—主动链轮 2—从动链轮 3—环形链条

1. 链传动的特点和类型

链传动与带传动相比，具有以下特点：传载能力大，两链轮的平均传动比恒定；链条张紧力小，轴上压力较小，传动效率较高；能在高温、有油或潮湿等恶劣环境下工作；瞬时传动比不稳定，传动平稳性差，工作噪声大，无过载保护作用。

链传动一般控制传动功率 $P \leqslant 100\text{kW}$，链速 $v \leqslant 15\text{m/s}$，传动比 $i \leqslant 8$，中心距 $a \leqslant 6\text{m}$。

链传动主要用于中心距较大、低速重载、平均传动比准确以及工作环境恶劣的场合，广泛应用于矿山、农业、石油化工及运输起重机械和机床、运输机械传动上。

链传动按照用途不同分为三类：传动链、起重链、曳引链。传动链在一般机械中用来传递运动和动力；起重链用于起重机械中提升重物；曳引链用于运输机械驱动输送带等。

链按照结构不同可分为滚子链（图2-11a）、套筒链（图2-11b）、齿形链（图2-11c）、成形链（图2-11d）。滚子链和齿形链都属于传动链，其中最常用的是滚子链。

2. 滚子链和链轮

（1）滚子链的结构 滚子链由内链板、外链板、销轴、套筒和滚子组成。内链板与套筒、外链板与销轴均为过盈配合，外链板与销轴构成一个外链节，内链板与套筒构成一个内链节，内、外链板交错连接构成铰链。而套筒与销轴、滚子与套筒间均为间隙配合，当内、外链板相对挠曲时，套筒可绕销轴自由转动。工作时滚子沿着链轮的轮齿滚动，可以减轻链轮齿廓的磨损，提高效率。内、外链板均制成“8”字形，以保证链板各横截面抗拉强度大致相等，并减轻链条的重量。相邻两滚子中心间的距离称为链节距，用 p 表示。它是链条的主要参数，链节距越大，链条各零件的尺寸也就越大，链条所能传递的功率就越大。

当传递的功率较大时，可采用同链节距的双排链或多排链。为了避免各排链受载不匀，

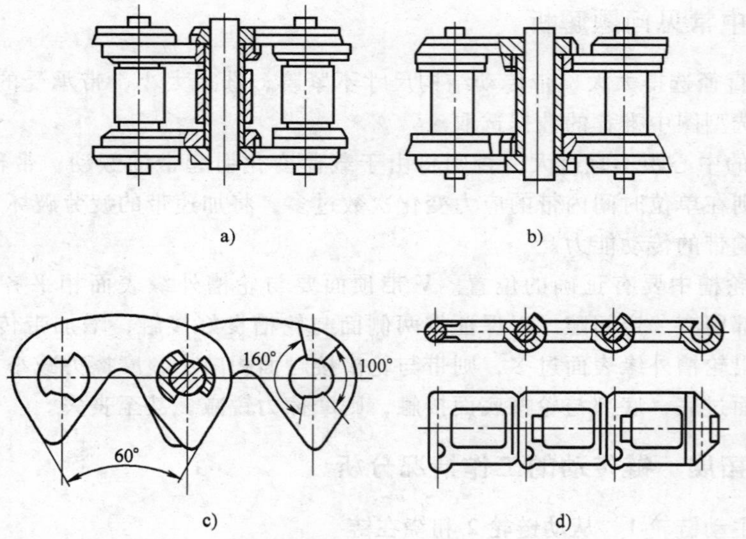

图 2-11 链的类型

a）滚子链 b）套筒链 c）齿形链 d）成形链

链的排数不宜过多，常用双排链或三排链，四排以上的链很少用。

（2）滚子链的接头方式 当链条节数为偶数时，链条连接成环正好是外链板与内链板相接，可用开口销（图 2-12a）或弹簧夹锁住销轴（图 2-12b）。当链条节数为奇数时，则采用过渡链节（图 2-12c），但过渡链节受拉时，要承受附加弯曲载荷。因此，应尽量避免采用奇数链节，最好用偶数链节。

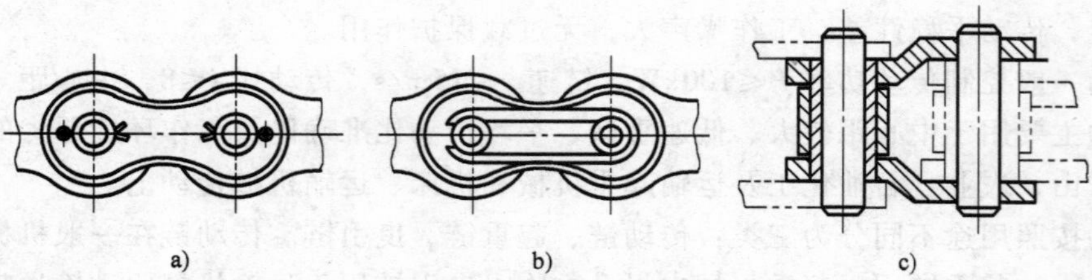

图 2-12 滚子链的接头方式

a）开口销锁住销轴 b）弹簧夹锁住销轴 c）过渡链节

（3）滚子链的标准 滚子链已标准化，分为 A、B 两种系列，常用 A 系列。滚子链的标记：链号—排数 × 链节数 标准编号。例如标记 08A—1 × 88 GB/T 1243，表示链号为 08A、节距为 12.7mm、单排、88 节的滚子链。

（4）滚子链的链轮 滚子链链轮是链传动的主要零件。链轮齿形应保证链节能自由地进入或退出啮合，受力均匀，不易脱链，便于加工。链轮的齿形在国家标准 GB/T 1243—2006 中规定。

链轮轮齿应具有足够的接触强度和耐磨性，常用材料为中碳钢（35、45 钢），不重要的场合用 Q235、Q275，高速重载时采用合金钢，低速时大链轮可采用铸铁。由于小链轮的啮合次数多，小链轮的材料要优于大齿轮，并要进行热处理。

3. 链传动的布置、张紧和润滑

（1）链传动的布置　链传动的布置对传动的工作状态和使用寿命有较大的影响，应注意以下几点：

1）在链传动中，两链轮的转动平面应在同一平面上，两轴线必须平行，最好水平布置。

2）如需倾斜布置时，两链轮中心连线与水平线的夹角 α 应小于45′。

3）链传动应使紧边在上，松边在下，这样可以避免由于松边的下垂使链条与链轮发生干涉或卡死。

（2）链传动的张紧　链传动张紧的目的主要是避免链条的垂度过大造成啮合不良及链条的振动，同时也增大链条与链轮的啮合包角。当传动中心距可以调整时，可通过调整中心距控制张紧程度；当中心距不能调整时，可设张紧轮；或在链条磨损伸长后从中取掉1～2个链节。张紧轮应设在松边靠近小链轮处外侧。

（3）链传动的润滑　润滑对链传动的影响很大，良好的润滑将减少磨损，缓和冲击，提高承载能力，延长链及链轮的寿命。环境温度高或载荷大的宜取黏度高的润滑油，反之宜取黏度低的。常用的润滑方式有：①油壶或油刷供油；②滴油润滑；③油浴或飞溅润滑；④油泵润滑。

任务2.2　直齿圆柱齿轮传动的设计与选用

2.2.1　任务描述

直齿圆柱齿轮传动的设计与选用任务单见表2-10。

表2-10　直齿圆柱齿轮传动的设计与选用任务单

<table>
<tr><td>学习领域</td><td colspan="3">机械设计与应用</td></tr>
<tr><td>学习情境2</td><td>传动零部件的设计与选用</td><td>学时</td><td>30学时</td></tr>
<tr><td>任务2</td><td>直齿圆柱齿轮传动的设计与选用</td><td>学时</td><td>14学时</td></tr>
<tr><td colspan="4">布置任务</td></tr>
<tr><td>学习目标</td><td colspan="3">1. 能够分析齿轮传动的类型、特点和应用。
2. 能够进行直齿圆柱齿轮传动的几何尺寸计算。
3. 能够设计直齿圆柱齿轮传动。</td></tr>
<tr><td>任务描述</td><td colspan="3">设计压力机减速器中直齿圆柱齿轮传动（图2-13）。工作参数：主动齿轮轴输入功率 $P=6.77\mathrm{kW}$，主动齿轮轴转速 $n=232\mathrm{r/min}$。</td></tr>
</table>

<table>
<tr><td>任务描述</td><td colspan="6">
图 2-13　减速器中的直齿圆柱齿轮传动</td></tr>
<tr><td>任务分析</td><td colspan="6">压力机中采用齿轮传动进行减速增矩。齿轮传动具有传动可靠、传动平稳、效率高及传动比准确等优点，在机械传动中得到了广泛的应用。具体任务如下：
1. 分析齿轮传动的类型、工作特性和应用。
2. 计算直齿圆柱齿轮的几何尺寸。
3. 设计压力机中的直齿圆柱齿轮传动。</td></tr>
<tr><td>学时安排</td><td>资讯
6 学时</td><td>计划
1 学时</td><td>决策
1 学时</td><td>实施
5 学时</td><td>检查
0.5 学时</td><td>评价
0.5 学时</td></tr>
<tr><td>提供资料</td><td colspan="6">1. 胡家秀. 简明机械零件设计实用手册（第 2 版）. 北京：机械工业出版社，2012。
2. 李敏. 机械设计与应用. 北京：机械工业出版社，2010。
3. 封立耀. 机械设计基础实例教程. 北京：北京航空航天大学出版社，2007。
4. 孟玲琴. 机械设计基础课程设计. 北京：北京理工大学出版社，2013。
5. 压力机使用说明书。
6. 压力机安全技术操作规程。
7. 机械设计技术要求。</td></tr>
<tr><td>对学生的要求</td><td colspan="6">1. 能够对任务书进行分析，能够正确理解和描述目标要求。
2. 具有独立思考、善于提问的学习习惯。
3. 具有查询资料和市场调研能力，具备严谨求实和开拓创新的学习态度。
4. 能够执行企业“5S”质量管理体系要求，具备良好的职业意识和社会能力。</td></tr>
</table>

对学生的要求	5. 具备一定的观察理解和判断分析能力。 6. 具有团队协作、爱岗敬业的精神。 7. 具有一定的创新思维和勇于创新的精神。 8. 按时、按要求上交作业，并列入考核成绩。

2.2.2 资讯

1. 直齿圆柱齿轮传动的设计与选用资讯单（表 2-11）。

表 2-11 直齿圆柱齿轮传动的设计与选用资讯单

学习领域	机械设计与应用		
学习情境 2	传动零部件的设计与选用	学时	30 学时
任务 2	直齿圆柱齿轮传动的设计与选用	学时	14 学时
资讯方式	学生根据教师给出的资讯引导进行查询解答		
资讯问题	1. 齿轮传动分为哪几种类型? 2. 齿轮传动有什么特点? 3. 直齿圆柱齿轮的主要参数有哪些? 4. 直齿圆柱齿轮的几何尺寸如何计算? 5. 齿轮传动的正确啮合条件和连续传动条件是什么? 6. 齿轮传动的主要失效形式有哪些? 7. 如何设计直齿圆柱齿轮传动?		
资讯引导	1. 问题 1 可参考信息单信息资料第一部分内容。 2. 问题 2 可参考信息单信息资料第一部分内容。 3. 问题 3 可参考信息单信息资料第二部分内容和李敏主编的《机械设计与应用》第 106—107 页。 4. 问题 4 可参考信息单信息资料第二部分内容和李敏主编的《机械设计与应用》第 107 页。 5. 问题 5 可参考信息单信息资料第三部分内容和李敏主编的《机械设计与应用》第 108—110 页。 6. 问题 6 可参考信息单信息资料第五部分内容和李敏主编的《机械设计与应用》第 116—118 页。 7. 问题 7 可参考信息单信息资料第六部分内容和李敏主编的《机械设计与应用》第 133—136 页。		

2. 直齿圆柱齿轮传动的设计与选用信息单（表 2-12）。

表 2-12　直齿圆柱齿轮传动的设计与选用信息单

学习领域	机械设计与应用		
学习情境 2	传动零部件的设计与选用	学时	30 学时
任务 2	直齿圆柱齿轮传动的设计与选用	学时	14 学时
序号	信息资料		
一	齿轮传动的认知		

由于齿轮传动能传递较大的转矩，又具有结构紧凑、工作可靠和寿命较长等优点，因此得到了广泛的应用。齿轮传动工作中一般会遇到齿面点蚀、齿面磨损、轮齿折断、齿面塑性变形和振动噪声等情况。根据这些情况，对于曲柄压力机的齿轮传动提出下面两点基本要求：①足够的承载能力；②较好的传动平稳性。压力机中的齿轮传动如图 2-14 所示。

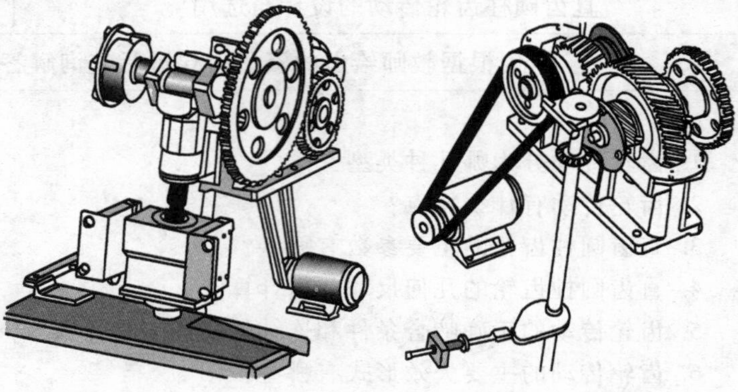

图 2-14　压力机中的齿轮传动

1. 齿轮传动的特点

1）两轮瞬时传动比恒定，传递运动准确可靠。

2）适用的功率、速度和尺寸范围大。

3）传动效率高，寿命长。

4）结构紧凑，体积小。

5）不适用于远距离传动，没有过载保护作用。

6）制造和安装要求较高，成本较高。

2. 齿轮传动的类型

按照两轴空间相对位置及传动齿轮形状，齿轮传动有以下几类。

(1) 两轴平行的齿轮传动　两轴平行的圆柱齿轮传动有以下几种：直齿圆柱齿轮传动、齿轮齿条传动、斜齿圆柱齿轮传动、人字齿圆柱齿轮传动。

(2) 两轴相交的齿轮传动　两轴相交的齿轮传动有锥齿轮传动。

(3) 两轴交错的齿轮传动　两轴交错的齿轮传动有交错轴齿轮传动、蜗杆传动。

齿轮传动的类型如图 2-15 所示。

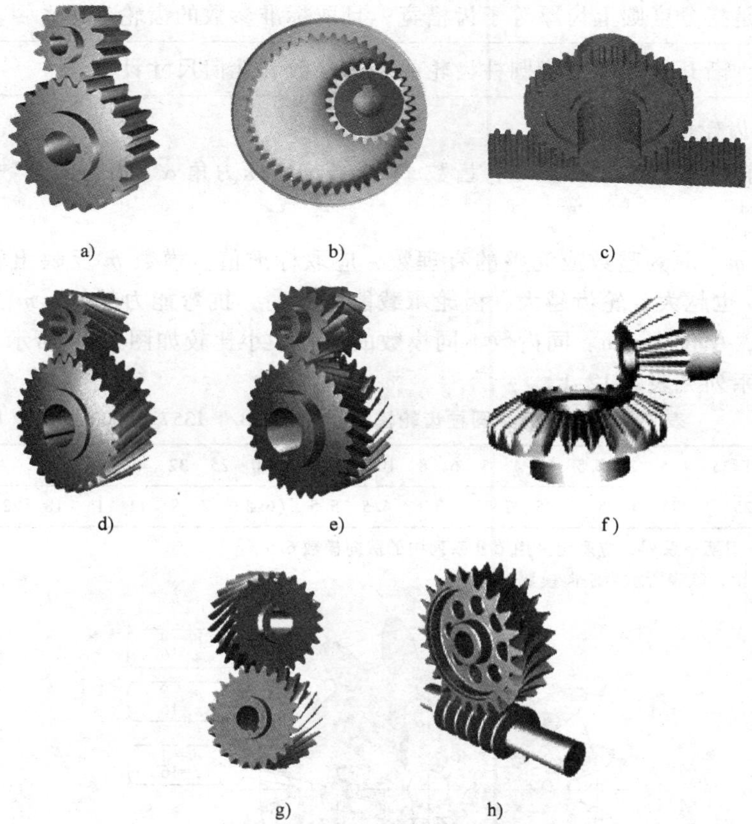

图 2-15　齿轮传动的类型

a）直齿圆柱齿轮传动（外啮合） b）直齿圆柱齿轮传动（内啮合）
c）齿轮齿条传动 d）斜齿圆柱齿轮传动 e）人字齿圆柱齿轮传动
f）锥齿轮传动 g）交错轴斜齿轮传动 h）蜗杆传动

按照防护条件，齿轮传动可分为开式齿轮传动和闭式齿轮传动。

1）开式齿轮传动是指齿轮暴露在箱体之外的齿轮传动，工作时易落入灰尘杂质，不能保证良好的润滑，轮齿容易磨损，多用于低速或不太重要的场合。

2）闭式齿轮传动是指齿轮安装在封闭的箱体内的齿轮传动，润滑和维护条件良好，安装精确。重要的齿轮传动都采用闭式齿轮传动。

齿轮按照齿廓曲线分为渐开线齿轮、摆线齿轮和圆弧齿轮等。其中渐开线齿轮容易制造、便于安装、互换性好，因而应用最广。

3. 齿轮各部分名称

渐开线标准直齿圆柱齿轮各部分名称如图 2-16 所示。

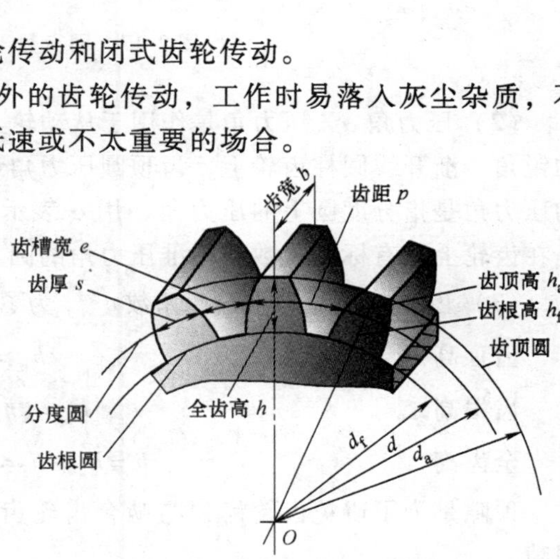

图 2-16　渐开线标准直齿圆柱齿轮各部分名称

标准齿轮是指分度圆上齿厚等于齿槽宽，且取标准参数的齿轮。

二	渐开线标准直齿圆柱齿轮的基本参数和几何尺寸计算

1. 渐开线齿轮的基本参数

渐开线齿轮的基本参数有五个：齿数 z、模数 m、压力角 α、齿顶高系数 h_a^* 和顶隙系数 c^*。

（1）模数 m　m 为整数或完整的有理数，应取标准值。模数 m 反映出轮齿尺寸的大小，m 越大，p 也越大，轮齿越大，齿轮承载能力越高，抗弯能力越好。m 是齿轮计算的一个基本参数，单位为mm。同齿数不同模数的齿轮大小比较如图2-17所示，渐开线圆柱齿轮标准模数系列见表2-12-1。

表2-12-1　渐开线圆柱齿轮模数（摘自GB/T 1357—2008）　（单位：mm）

第一系列	1	1.25	1.5	2	2.5	3	4	5	6	8	10	12	16	20	25	32	40	50	
第二系列	1.125	1.375	1.75	2.25	2.75	3.5	4.5	5.5	(6.5)	7	9	11	14	18	22	28	36	45	

注：1. 优先采用第一系列，应避免采用第Ⅱ系列中的法向模数6.5。
2. 对斜齿轮，该表所示为法向模数。

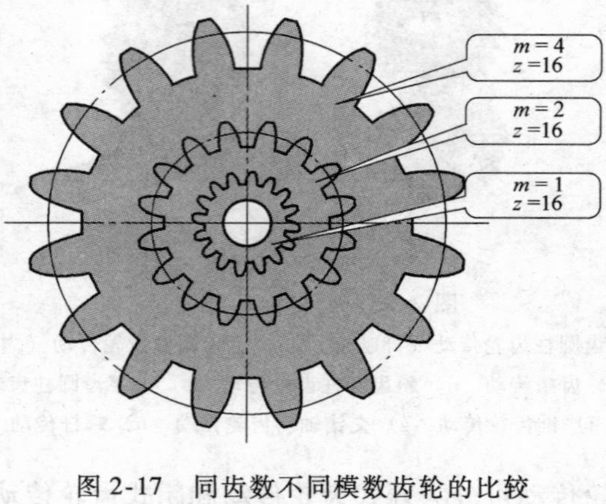

图2-17　同齿数不同模数齿轮的比较

（2）压力角 α　压力角是作用于从动轮上的正压力 F 与力作用点处速度方向之间所夹的锐角。渐开线圆柱齿轮上，齿顶圆压力角最大，基圆上压力角最小，等于零。通常所说的压力角是指分度圆上的压力角，用 α 表示。国家标准规定标准压力角 $\alpha=20°$。分度圆是在齿轮上具有标准模数和标准压力角的圆。

（3）齿顶高系数 h_a^* 和顶隙系数 c^*　为了使齿形匀称，国家标准规定齿高与模数成正比。

齿顶高　$$h_a = h_a^* m$$

齿根高　$$h_f = (h_a^* + c^*)m$$

全齿高　$$h = h_a + h_f = (2h_a^* + c^*)m$$

顶隙是为了避免齿轮齿顶与啮合齿轮齿槽底发生干涉，以及便于贮存润滑油而留的间隙。

国家标准规定：对于正常齿制，$h_a^*=1$，$c^*=0.25$；短齿制，$h_a^*=0.8$，$c^*=0.3$。

2. 标准直齿圆柱齿轮的几何尺寸计算

标准直齿圆柱齿轮的几何尺寸计算公式见表2-12-2。

表2-12-2　标准直齿圆柱齿轮几何尺寸计算公式（外啮合齿轮）

名称	符号	计算公式
齿距	p	$p = m\pi$
齿厚	s	$s = \pi m/2$
齿槽宽	e	$e = \pi m/2$
齿顶高	h_a	$h_a = h_a^* m$
齿根高	h_f	$h_f = h_a + c = (h_a^* + c^*)m$
全齿高	h	$h = h_a + h_f = (2h_a^* + c^*)m$
分度圆直径	d	$d = mz$
齿顶圆直径	d_a	$d_a = d + 2h_a = m(z + 2h_a^*)$
齿根圆直径	d_f	$d_f = d - 2h_f = m(z - 2h_a^* - 2c^*)$
基圆直径	d_b	$d_b = d\cos\alpha = mz\cos\alpha$
中心距	a	$a = m(z_1 + z_2)/2$

三　渐开线直齿圆柱齿轮的正确啮合和连续传动判断

1. 正确啮合条件

两齿轮正确啮合的条件为

$$\left.\begin{aligned} m_1 = m_2 = m \\ \alpha_1 = \alpha_2 = \alpha \end{aligned}\right\} \tag{2-4}$$

即一对渐开线直齿圆柱齿轮正确啮合的条件是：两齿轮的模数和压力角应分别相等。

一对齿轮的传动比公式为

$$i_{12} = \frac{\omega_1}{\omega_2} = \frac{d_2'}{d_1'} = \frac{d_{b2}}{d_{b1}} = \frac{d_2}{d_1} = \frac{z_2}{z_1} \tag{2-5}$$

式中　ω_1、ω_2——两齿轮的角速度（rad/s）；

d_1'、d_2'——两齿轮的节圆直径（mm）。

2. 连续传动条件

齿轮连续传动条件为

$$\varepsilon = \frac{B_1B_2}{p_b} \geqslant 1 \tag{2-6}$$

式中　B_1、B_2——实际啮合线；

p_b——基圆节距。

ε——重合度，是衡量齿轮传动质量的指标之一。ε越大，表明齿轮同时参与啮合的轮齿对数越多，每对轮齿承受的载荷越小，齿轮传动也越平稳。

四　标准直齿圆柱齿轮的公法线长度和分度圆弦齿厚测量

1. 公法线长度测量

在检验齿轮的制造精度时，需要测量齿轮的公法线长度，用以控制轮齿齿侧间隙公差。如图2-18所示，被测齿轮跨k个齿的公法线长度，以W_k表示，即

$$W_k = (k-1)p_b + s_b$$

式中　k——跨齿数；

p_b——基圆齿距（mm），$p_b = \pi m\cos\alpha$；

s_b——基圆齿厚（mm）。

2. 分度圆弦齿厚测量

对于斜齿圆柱齿轮、锥齿轮、蜗轮及大模数（$m > 10$mm）的直齿圆柱齿轮等，通常要测量分度圆弦齿厚 $\bar{s}$（图 2-19）。

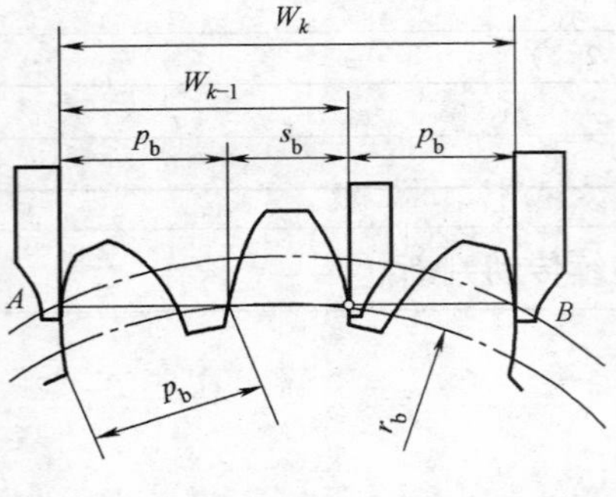

图 2-18　齿轮的公法线长度

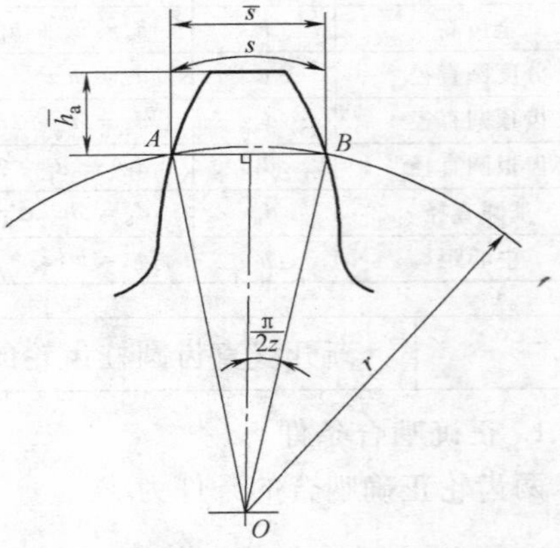

图 2-19　分度圆弦齿厚和弦齿高

五　齿轮传动的主要失效形式分析和设计准则应用

1. 失效形式

齿轮轮齿的失效形式主要有轮齿折断、齿面点蚀、齿面磨损、齿面胶合和齿面塑性变形等，如图 2-20 所示。

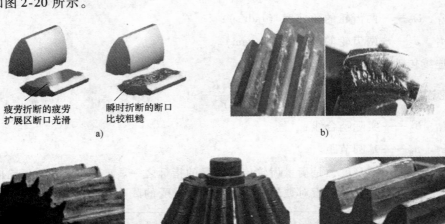

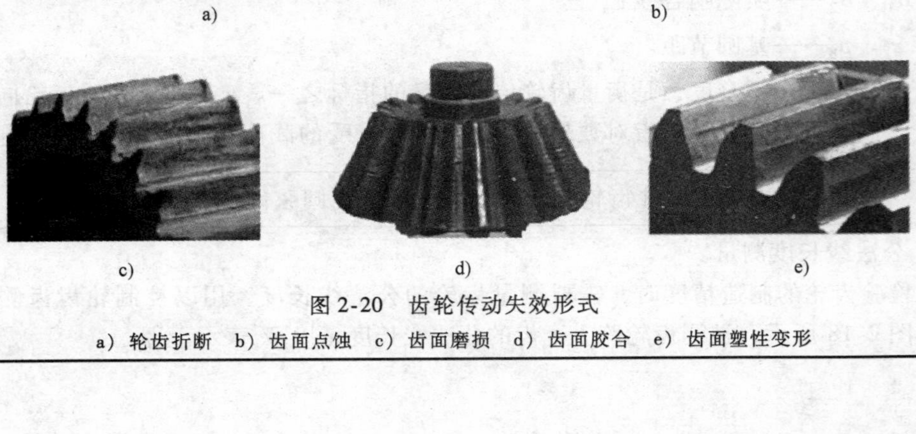

图 2-20　齿轮传动失效形式

a）轮齿折断　b）齿面点蚀　c）齿面磨损　d）齿面胶合　e）齿面塑性变形

齿轮传动在不同的工作和使用条件下，有着不同的失效形式，针对不同的失效形式应分别确定相应的设计准则。由于目前对于齿面磨损、胶合等尚无可靠的计算办法，在工程实际中通常只进行齿根弯曲疲劳强度（轮齿折断）和齿面接触疲劳强度（齿面点蚀）的计算。

2. 设计准则

在进行齿轮传动设计时，应分析具体工作条件，判断可能发生的主要失效形式，按照主要失效形式进行设计。

1）对于闭式软齿面齿轮传动（齿面硬度≤350HBW），主要失效形式为齿面点蚀，故设计准则为按照齿面接触疲劳强度设计，确定齿轮的主要参数和尺寸，再按齿根弯曲疲劳强度进行校核。

2）对于闭式硬齿面齿轮（齿面硬度>350HBW），主要失效形式是轮齿折断，故设计准则为按照齿根弯曲疲劳强度设计，确定模数和尺寸，然后再按照齿面接触疲劳强度进行校核。

3）对于开式齿轮传动，主要失效形式是齿面磨损和因磨损导致的轮齿折断，因磨损的机理比较复杂，目前还没有成熟的具体计算方法，一般只按照齿根弯曲疲劳强度进行设计计算，确定齿轮的模数。考虑磨损因素，再将模数增大10%～20%，无需校核齿面接触疲劳强度。

六	直齿圆柱齿轮传动的设计

1. 齿轮的材料选择

对齿轮材料的基本要求：齿面具有足够的硬度和耐磨性，心部具有较好的韧性，还要有良好的加工工艺性和热处理性能。

常用的齿轮材料有锻钢、铸钢、铸铁。在某些情况下也选用工程塑料等非金属材料。

锻钢（即各种牌号的优质碳素结构钢和合金结构钢）的强度高，韧性好，并能通过各种热处理方法来改善材料的力学性能，应用最多。铸钢适用于较大尺寸（$d>400\sim600\text{mm}$）或结构复杂不容易锻造的齿轮。对于低速轻载、大尺寸的开式传动齿轮，可选用铸铁材料。

常用的齿轮材料、热处理及许用应力见表2-12-3。

表2-12-3　常用的齿轮材料、热处理及许用应力

材料牌号	热处理	强度极限 σ_b/MPa	齿面硬度	许用接触应力 $[\sigma_H]$/MPa	许用弯曲应力 $[\sigma_F]$/MPa
45	正火	588	169～217HBW	468～513	280～301
	调质	647	229～286HBW	513～545	301～315
	表面淬火	647	40～50HRC	972～1053	427～504
20Cr	渗碳淬火后回火	637	56～62HRC	1350	645
40Cr	调质	700	240～258HBW	612～675	399～427
	表面淬火	700	48～55HRC	1035～1098	483～518
35SiMn	调质	750	217～269HBW	585～648	388～420
	表面淬火	750	48～55HRC		
20CrMnTi	渗碳淬火后回火	1079	56～62HRC	1350	645
ZG45	正火	580	156～217HBW	270～301	171～189
ZG55	正火	650	169～229HBW	288～306	182～196
QT600-3	正火	600	190～270HBW	436～535	262～315
HT300	—	300	185～278HBW	290～347	80～105

2. 齿轮传动参数的选择

(1) 齿数 z 对于闭式软齿面齿轮传动，常取 $z_1 \geqslant 20 \sim 40$。在闭式硬齿面齿轮和开式齿轮传动中，常取 $z_1 = 17 \sim 20$。

(2) 模数 m 传递动力的齿轮，其模数不宜小于 2mm。普通减速器、机床及汽车变速器中的齿轮模数一般为 2 ~ 8mm。

(3) 齿宽系数 齿宽系数 ψ_d 的大小表示齿宽 b 的相对值，$\psi_d = b/d_1$。在一般精度的圆柱齿轮减速器中，一般小齿轮齿宽略宽于大齿轮，通常取 $b_2 = \psi_d d_1$，$b_1 = b_2 + (5 \sim 10)$ mm。

3. 齿轮传动设计准则

(1) 闭式软齿面齿轮 按照齿面接触疲劳强度设计，按照齿根弯曲疲劳强度校核。

(2) 闭式硬齿面齿轮 按照齿根弯曲疲劳强度设计，按照齿面接触疲劳强度校核。

(3) 开式齿轮传动 按照齿根弯曲疲劳强度设计，将模数增大 10% ~ 20%。不需要校核。

4. 齿轮传动设计步骤

1) 根据给出的已知条件，如功率 P、转速 n、传动比 i 等，明确设计要求。

2) 分析失效形式，判定设计准则。闭式齿轮主要失效形式为齿面点蚀和齿根弯曲疲劳破坏，设计时应控制齿面接触疲劳应力和齿根弯曲疲劳应力。

开式齿轮主要失效形式为齿面磨损和齿根弯曲疲劳破坏。设计时要选耐磨材料，进行齿根弯曲疲劳强度计算。各类齿轮要采取相应的润滑和密封措施。

3) 选择材料，计算许用应力。

4) 确定参数，初定齿数 z_1、z_2，齿宽系数 ψ_d 等。

5) 设计计算，进行齿面接触疲劳强度或齿根弯曲疲劳强度设计计算，求出满足强度要求的参数计算值。

6) 进行齿面接触疲劳强度或齿根弯曲疲劳强度校核，使 $\sigma \leqslant [\sigma]$。

7) 进行齿轮结构设计。齿轮结构设计的主要任务是确定齿轮的轮毂、轮辐、轮缘等部分的尺寸大小和结构形式。

8) 绘制齿轮工作图。

5. 直齿圆柱齿轮强度计算

(1) 齿面接触疲劳强度计算

校核公式
$$\sigma_H = 3.52 Z_E \sqrt{\frac{KT_1(u \pm 1)}{bd_1^2 u}} \leqslant [\sigma_H] \tag{2-7}$$

设计公式
$$d_1 \geqslant \sqrt[3]{\left(\frac{3.52 Z_E}{[\sigma_H]}\right)^2 \frac{KT_1(u \pm 1)}{\psi_d u}} \tag{2-8}$$

式中 σ_H——接触应力 (MPa)；

Z_E——齿轮副材料的弹性系数 ($\sqrt{\text{MPa}}$)；

K——载荷系数；

T_1——小齿轮传递的转矩 (N · mm)；

u——齿数比；

$[\sigma_H]$——许用接触应力 (MPa)；

±——分别用于外啮合 (+) 与内啮合 (-)。

（2）齿根弯曲疲劳强度计算

校核公式
$$\sigma_F=\frac{2KT_1}{bm^2z_1}Y_FY_S\leqslant[\sigma_F] \tag{2-9}$$

设计公式
$$m\geqslant\sqrt[3]{\frac{2KT_1\ Y_FY_S}{\psi_d z_1^2[\sigma_F]}} \tag{2-10}$$

式中 σ_F——齿根弯曲应力（MPa）；

Y_F——齿形系数；

Y_S——修正系数；

$[\sigma_F]$——许用弯曲应力（MPa）。

2.2.3 计划

根据任务内容制订小组任务计划，简要说明任务实施过程的步骤及注意事项，将计划内容等填入直齿圆柱齿轮传动的设计与选用计划单，见表2-13。

表2-13 直齿圆柱齿轮传动的设计与选用计划单

学习领域	机械设计与应用		
学习情境2	传动零部件的设计与选用	学时	30学时
任务2	直齿圆柱齿轮传动的设计与选用	学时	14学时
计划方式	由小组讨论制订本小组任务计划		
序号	实施步骤		使用资源
制订计划说明			
计划评价	评语：		
班级		第　　组	组长签字
教师签字			日期

2.2.4 决策

各小组之间讨论工作计划的合理性和可行性，选定合适的工作计划，进行决策，填写直齿圆柱齿轮传动的设计与选用决策单，见表 2-14。

表 2-14 直齿圆柱齿轮传动的设计与选用决策单

<table>
<tr><td>学习领域</td><td colspan="7">机械设计与应用</td></tr>
<tr><td>学习情境 2</td><td colspan="5">传动零部件的设计与选用</td><td>学时</td><td>30 学时</td></tr>
<tr><td>任务 2</td><td colspan="5">直齿圆柱齿轮传动的设计与选用</td><td>学时</td><td>14 学时</td></tr>
<tr><td colspan="6">方案讨论</td><td>组号</td><td></td></tr>
<tr><td rowspan="16">方案决策</td><td>组别</td><td>步骤
顺序性</td><td>步骤
合理性</td><td>实施可操
作性</td><td>选用工具
合理性</td><td colspan="2">原因说明</td></tr>
<tr><td>1</td><td></td><td></td><td></td><td></td><td colspan="2"></td></tr>
<tr><td>2</td><td></td><td></td><td></td><td></td><td colspan="2"></td></tr>
<tr><td>3</td><td></td><td></td><td></td><td></td><td colspan="2"></td></tr>
<tr><td>4</td><td></td><td></td><td></td><td></td><td colspan="2"></td></tr>
<tr><td>5</td><td></td><td></td><td></td><td></td><td colspan="2"></td></tr>
<tr><td>1</td><td></td><td></td><td></td><td></td><td colspan="2"></td></tr>
<tr><td>2</td><td></td><td></td><td></td><td></td><td colspan="2"></td></tr>
<tr><td>3</td><td></td><td></td><td></td><td></td><td colspan="2"></td></tr>
<tr><td>4</td><td></td><td></td><td></td><td></td><td colspan="2"></td></tr>
<tr><td>5</td><td></td><td></td><td></td><td></td><td colspan="2"></td></tr>
<tr><td>1</td><td></td><td></td><td></td><td></td><td colspan="2"></td></tr>
<tr><td>2</td><td></td><td></td><td></td><td></td><td colspan="2"></td></tr>
<tr><td>3</td><td></td><td></td><td></td><td></td><td colspan="2"></td></tr>
<tr><td>4</td><td></td><td></td><td></td><td></td><td colspan="2"></td></tr>
<tr><td>5</td><td></td><td></td><td></td><td></td><td colspan="2"></td></tr>
<tr><td>方案评价</td><td colspan="7">评语：（根据组内的决策，对照计划进行修改并说明修改原因）</td></tr>
<tr><td>班级</td><td></td><td>组长签字</td><td></td><td>教师签字</td><td></td><td colspan="2">月　日</td></tr>
</table>

2.2.5 实施

1. 实施准备

任务实施准备主要有场地准备、教学仪器（工具）准备、资料准备，见表2-15。

表2-15 直齿圆柱齿轮传动的设计与选用实施准备

场地准备	教学仪器（工具）准备	资料准备
机械设计实训室	减速器、游标卡尺、绘图工具、计算器	1. 李敏. 机械设计与应用. 北京：机械工业出版社，2010。 2. 封立耀. 机械设计基础实例教程. 北京：北京航空航天大学出版社，2007。 3. 胡家秀. 简明机械零件设计实用手册（第2版）. 北京：机械工业出版社，2012。 4. 压力机使用说明书。 5. 压力机安全技术操作规程。 6. 机械设计技术要求。

2. 实施任务

依据计划步骤实施任务，并完成作业单的填写。直齿圆柱齿轮传动的设计与选用作业单见表2-16。

表2-16 直齿圆柱齿轮传动的设计与选用作业单

学习领域	机械设计与应用		
学习情境2	传动零部件的设计与选用	学时	30学时
任务2	直齿圆柱齿轮传动的设计与选用	学时	14学时
作业方式	小组分析，个人解答，现场批阅，集体评判		
1	说明齿轮传动的类型。		
作业解答：			
2	说明直齿圆柱齿轮的正确啮合条件和连续传动条件。		

作业解答：

3	设计压力机中的带传动。工作参数：带传动输入功率为 6.77kW，主动带轮转速为 232r/min。

作业解答：

作业评价：

班级		组别		组长签字	
学号		姓名		教师签字	
教师评分		日期			

2.2.6 检查评价

学生完成本学习任务后，应展示的结果有完成的计划单、决策单、作业单、检查单、评价单。

1. 直齿圆柱齿轮传动的设计与选用检查单（表2-17）

表2-17 直齿圆柱齿轮传动的设计与选用检查单

<table>
<tr><td>学习领域</td><td colspan="5">机械设计与应用</td></tr>
<tr><td>学习情境2</td><td colspan="3">传动零部件的设计与选用</td><td>学时</td><td>30学时</td></tr>
<tr><td>任务2</td><td colspan="3">直齿圆柱齿轮传动的设计与选用</td><td>学时</td><td>14学时</td></tr>
<tr><td>序号</td><td>检查项目</td><td colspan="2">检查标准</td><td>学生自查</td><td>教师检查</td></tr>
<tr><td>1</td><td>任务书阅读与分析能力，正确理解及描述目标要求</td><td colspan="2">准确理解任务要求</td><td></td><td></td></tr>
<tr><td>2</td><td>与同组同学协商，确定人员分工</td><td colspan="2">较强的团队协作能力</td><td></td><td></td></tr>
<tr><td>3</td><td>资料的查阅、分析和归纳能力</td><td colspan="2">较强的资料检索能力和分析总结能力</td><td></td><td></td></tr>
<tr><td>4</td><td>齿轮传动的参数选择与设计能力</td><td colspan="2">齿轮传动的参数选择正确，齿轮传动设计步骤完整，设计结果正确</td><td></td><td></td></tr>
<tr><td>5</td><td>安全生产与环保</td><td colspan="2">符合“5S”要求</td><td></td><td></td></tr>
<tr><td>6</td><td>设计缺陷的分析诊断能力</td><td colspan="2">问题判断准确，缺陷处理得当</td><td></td><td></td></tr>
<tr><td>检查评价</td><td colspan="5">评语：</td></tr>
<tr><td>班级</td><td></td><td>组别</td><td></td><td>组长签字</td><td></td></tr>
<tr><td>教师签字</td><td colspan="3"></td><td>日期</td><td></td></tr>
</table>

2. 直齿圆柱齿轮传动的设计与选用评价单（表2-18）

表2-18　直齿圆柱齿轮传动的设计与选用评价单

<table>
<tr><td colspan="2">学习领域</td><td colspan="7">机械设计与应用</td></tr>
<tr><td colspan="2">学习情境2</td><td colspan="3">传动零部件的设计与选用</td><td colspan="3">学时</td><td>30学时</td></tr>
<tr><td colspan="2">任务2</td><td colspan="3">直齿圆柱齿轮传动的设计与选用</td><td colspan="3">学时</td><td>14学时</td></tr>
<tr><td>评价类别</td><td>评价项目</td><td>子项目</td><td>个人评价</td><td colspan="4">组内互评</td><td>教师评价</td></tr>
<tr><td rowspan="14">专业能力（60%）</td><td rowspan="2">资讯（8%）</td><td>搜集信息（4%）</td><td></td><td></td><td></td><td></td><td></td><td></td></tr>
<tr><td>引导问题回答（4%）</td><td></td><td></td><td></td><td></td><td></td><td></td></tr>
<tr><td>计划（5%）</td><td>计划可执行度（5%）</td><td></td><td></td><td></td><td></td><td></td><td></td></tr>
<tr><td rowspan="5">实施（12%）</td><td>工作步骤执行（3%）</td><td></td><td></td><td></td><td></td><td></td><td></td></tr>
<tr><td>功能实现（3%）</td><td></td><td></td><td></td><td></td><td></td><td></td></tr>
<tr><td>质量管理（2%）</td><td></td><td></td><td></td><td></td><td></td><td></td></tr>
<tr><td>安全保护（2%）</td><td></td><td></td><td></td><td></td><td></td><td></td></tr>
<tr><td>环境保护（2%）</td><td></td><td></td><td></td><td></td><td></td><td></td></tr>
<tr><td rowspan="2">检查（10%）</td><td>全面性、准确性（5%）</td><td></td><td></td><td></td><td></td><td></td><td></td></tr>
<tr><td>异常情况排除（5%）</td><td></td><td></td><td></td><td></td><td></td><td></td></tr>
<tr><td rowspan="2">过程（15%）</td><td>使用工具规范性（7%）</td><td></td><td></td><td></td><td></td><td></td><td></td></tr>
<tr><td>操作（分析设计）过程规范性（8%）</td><td></td><td></td><td></td><td></td><td></td><td></td></tr>
<tr><td>结果（5%）</td><td>结果质量（5%）</td><td></td><td></td><td></td><td></td><td></td><td></td></tr>
<tr><td>作业（5%）</td><td>作业质量（5%）</td><td></td><td></td><td></td><td></td><td></td><td></td></tr>
<tr><td rowspan="4">社会能力（20%）</td><td rowspan="2">团结协作（10%）</td><td>对小组的贡献（5%）</td><td></td><td></td><td></td><td></td><td></td><td></td></tr>
<tr><td>小组合作配合状况（5%）</td><td></td><td></td><td></td><td></td><td></td><td></td></tr>
<tr><td rowspan="2">敬业精神（10%）</td><td>吃苦耐劳精神（5%）</td><td></td><td></td><td></td><td></td><td></td><td></td></tr>
<tr><td>学习纪律性（5%）</td><td></td><td></td><td></td><td></td><td></td><td></td></tr>
<tr><td rowspan="2">方法能力（20%）</td><td>计划能力（10%）</td><td></td><td></td><td></td><td></td><td></td><td></td><td></td></tr>
<tr><td>决策能力（10%）</td><td></td><td></td><td></td><td></td><td></td><td></td><td></td></tr>
<tr><td>评价评语</td><td colspan="8">评语：</td></tr>
<tr><td>班级</td><td></td><td>组别</td><td></td><td>学号</td><td></td><td>总评</td><td colspan="2"></td></tr>
<tr><td>教师签字</td><td colspan="2"></td><td>组长签字</td><td></td><td>日期</td><td colspan="3"></td></tr>
</table>

2.2.7 实践中常见问题解析

1. 当大、小齿轮都是软齿面时，由于小齿轮齿根较薄，弯曲疲劳强度较低，故在选择材料和热处理时，应把小齿轮的齿面硬度选得比大齿轮高出 30～50HBW。硬齿面齿轮的承载能力较高，但需专门设备磨齿，常用于要求结构紧凑或生产批量大的场合。当大、小齿轮都是硬齿面时，小齿轮的硬度应略高，也可与大齿轮相等。

2. 设计齿轮传动时，为保证啮合和装配可靠，应取小齿轮宽度比大齿轮宽度大 5mm 左右。

任务 2.3 斜齿圆柱齿轮传动的设计与选用

2.3.1 任务描述

斜齿圆柱齿轮传动的设计与选用任务单见表 2-19。

表 2-19 斜齿圆柱齿轮传动的设计与选用任务单

<table>
<tr><td>学习领域</td><td colspan="3">机械设计与应用</td></tr>
<tr><td>学习情境 2</td><td>传动零部件的设计与选用</td><td>学时</td><td>30 学时</td></tr>
<tr><td>任务 3</td><td>斜齿圆柱齿轮传动的设计与选用</td><td>学时</td><td>4 学时</td></tr>
<tr><td colspan="4">布置任务</td></tr>
<tr><td>学习目标</td><td colspan="3">1. 能够分析斜齿圆柱齿轮传动的特点和应用。
2. 能够进行斜齿圆柱齿轮传动的几何尺寸计算。
3. 能够设计斜齿圆柱齿轮传动。</td></tr>
<tr><td>任务描述</td><td colspan="3">设计压力机中斜齿圆柱齿轮传动（图 2-21）。工作参数：主动齿轮轴输入功率为 6.77kW，主动齿轮轴转速为 232r/min。

图 2-21 斜齿圆柱齿轮传动</td></tr>
</table>

<table>
<tr><td>任务分析</td><td colspan="6">J23—25型开式可倾压力机采用斜齿圆柱齿轮传动，工作平稳、冲击小、噪声低。具体任务如下：
1. 分析斜齿圆柱齿轮传动的工作特性和应用。
2. 计算斜齿圆柱齿轮传动的几何尺寸。
3. 设计压力机中斜齿圆柱齿轮传动。</td></tr>
<tr><td>学时安排</td><td>资讯
1学时</td><td>计划
0.5学时</td><td>决策
0.5学时</td><td>实施
1学时</td><td>检查
0.5学时</td><td>评价
0.5学时</td></tr>
<tr><td>提供资料</td><td colspan="6">1. 胡家秀. 简明机械零件设计实用手册（第2版）. 北京：机械工业出版社，2012。
2. 李敏. 机械设计与应用. 北京：机械工业出版社，2010。
3. 封立耀. 机械设计基础实例教程. 北京：北京航空航天大学出版社，2007。
4. 孟玲琴. 机械设计基础课程设计. 北京：北京理工大学出版社，2013。
5. 压力机使用说明书。
6. 压力机安全技术操作规程。
7. 机械设计技术要求。</td></tr>
<tr><td>对学生的要求</td><td colspan="6">1. 能对任务书进行分析，能正确理解和描述目标要求。
2. 具有独立思考、善于提问的学习习惯。
3. 具有查询资料和市场调研能力，具备严谨求实和开拓创新的学习态度。
4. 能够执行企业“5S”质量管理体系要求，具备良好的职业意识和社会能力。
5. 具备一定的观察理解和判断分析能力。
6. 具有团队协作、爱岗敬业的精神。
7. 具有一定的创新思维和勇于创新的精神。
8. 按时、按要求上交作业，并列入考核成绩。</td></tr>
</table>

2.3.2 资讯

1. 斜齿圆柱齿轮传动的设计与选用资讯单（表2-20）

表2-20 斜齿圆柱齿轮传动的设计与选用资讯单

学习领域	机械设计与应用		
学习情境2	传动零部件的设计与选用	学时	30学时
任务3	斜齿圆柱齿轮传动的设计与选用	学时	4学时
资讯方式	学生根据教师给出的资讯引导进行查询解答		
资讯问题	1. 斜齿圆柱齿轮传动有什么特点？ 2. 斜齿圆柱齿轮的主要参数有哪些？斜齿圆柱齿轮哪个面的参数取标准值？ 3. 斜齿圆柱齿轮法向参数与端面参数之间如何换算？ 4. 斜齿圆柱齿轮的几何尺寸如何计算？ 5. 什么是斜齿圆柱齿轮的当量齿轮？当量齿数如何计算？ 6. 如何设计斜齿圆柱齿轮传动？		
资讯引导	1. 问题1可参考信息单信息资料第一部分内容和李敏主编的《机械设计与应用》第127页。 2. 问题2可参考信息单信息资料第一部分内容和李敏主编的《机械设计与应用》第123—125页。 3. 问题3可参考信息单信息资料第一部分内容和李敏主编的《机械设计与应用》第123—125页。 4. 问题4可参考信息单信息资料第一部分内容和李敏主编的《机械设计与应用》第123—125页。 5. 问题5可参考信息单信息资料第一部分内容和李敏主编的《机械设计与应用》第126—127页。 6. 问题6可参考信息单信息资料第二部分内容和李敏主编的《机械设计与应用》第127—129页。		

2. 斜齿圆柱齿轮传动的设计与选用信息单（见表 2-21）

表 2-21　斜齿圆柱齿轮传动的设计与选用信息单

学习领域	机械设计与应用		
学习情境 2	传动零部件的设计与选用	学时	30 学时
任务 3	斜齿圆柱齿轮传动的设计与选用	学时	4 学时
序号	信息资料		
一	斜齿圆柱齿轮的几何尺寸、当量齿数计算		

1. 斜齿圆柱齿轮的主要参数

在计算斜齿圆柱齿轮（以下简称“斜齿轮”）的几何尺寸时，必须注意端面和法向参数的换算关系。

（1）螺旋角 β　螺旋角 β 越大，轮齿越倾斜，则传动的平稳性越好，但轴向力也越大，采用人字齿轮可使轴向力相互抵消一部分。斜齿轮按照其齿廓渐开螺旋面的旋向，可以分为左旋和右旋两种。设计时，斜齿轮的螺旋角可取 $\beta=8°\sim20°$，人字齿轮螺旋角可取$25°\sim45°$。

（2）端面参数和法向参数　垂直于斜齿轮轴线的平面称为端面，垂直于分度圆柱上螺旋线切线的平面称为法平面。规定斜齿轮的法向参数 m_n、α_n、h_{an}^*、c_n^* 为标准值，且与直齿圆柱齿轮的参数标准值相同。端面参数和法向参数的换算关系可由图 2-22 所示的几何关系得出。

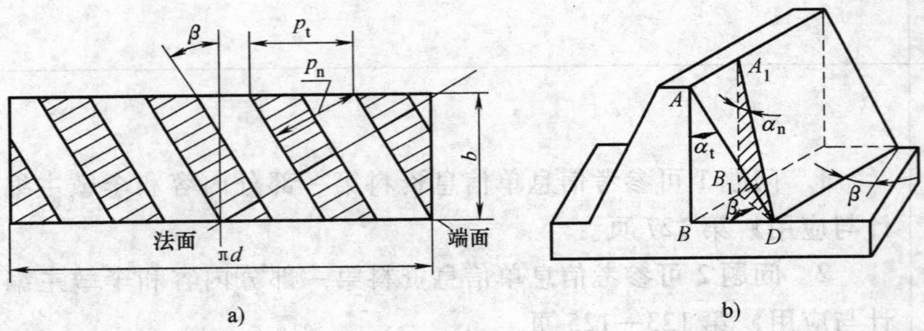

图 2-22　斜齿轮法向参数和端面参数间的关系

a）斜齿轮分度圆柱面的展开图　b）法向参数和端面参数

1）法向模数 m_n 和端面模数 m_t 的关系：$m_n=m_t\cos\beta$。

2）法向压力角 α_n 和端面压力角 α_t 的关系：$\tan\alpha_n=\tan\alpha_t\cos\beta$。

α_n 取标准值，$\alpha_n=20°$。

3）齿顶高系数和顶隙系数：$h_{at}^*=h_{an}^*\cos\beta$，$c_t^*=c_n^*\cos\beta$。

h_{an}^* 和 c_n^* 取标准值，$h_{an}^*=1$，$c_n^*=0.25$。

2. 几何尺寸计算

斜齿圆柱齿轮几何尺寸计算公式见表 2-21-1。

表 2-21-1 斜齿圆柱齿轮几何尺寸计算公式（外啮合齿轮）

序号	名称	符号	计算公式
1	齿顶高	h_a	$h_a = h_{at}^* m_t = h_{an}^* m_n$
2	齿根高	h_f	$h_f = (h_{an}^* + c_n^*) m_n$
3	全齿高	h	$h = (2h_{an}^* + c_n^*) m_n$
4	分度圆直径	d	$d = m_t z = \dfrac{m_n z}{\cos\beta}$
5	齿顶圆直径	d_a	$d_a = d + 2h_a = m_n\left(\dfrac{z}{\cos\beta} + 2h_{an}^*\right)$
6	齿根圆直径	d_f	$d_f = d - 2h_f = m_n\left(\dfrac{z}{\cos\beta} - 2h_{an}^* - 2c_n^*\right)$
7	标准中心距	a	$a = \dfrac{m_t}{2}(z_2 + z_1) = \dfrac{m_n}{2\cos\beta}(z_1 + z_2)$

斜齿圆柱齿轮传动的中心距与螺旋角 β 有关。当一对斜齿圆柱齿轮的模数、齿数一定时，可以通过在一定范围内调整螺旋角 β 的大小来配凑中心距，这也是斜齿圆柱齿轮的优点。

3. 斜齿圆柱齿轮的正确啮合条件

$$m_{n1} = m_{n2} = m_n$$

$$\alpha_{n1} = \alpha_{n2} = 20^\circ$$

$$\beta_1 = -\beta_2$$

4. 斜齿圆柱齿轮的当量齿轮和当量齿数计算

当量齿轮的齿形近似于法向齿形，其齿数为当量齿数 z_v。斜齿圆柱齿轮的当量齿轮如图 2-23 所示。

当量齿数的计算公式为

$$z_v = \frac{z}{\cos^3\beta} \tag{2-11}$$

当量齿数可用于选择铣刀号、斜齿轮弯曲强度计算、斜齿轮变位系数选择和齿厚测量计算等。

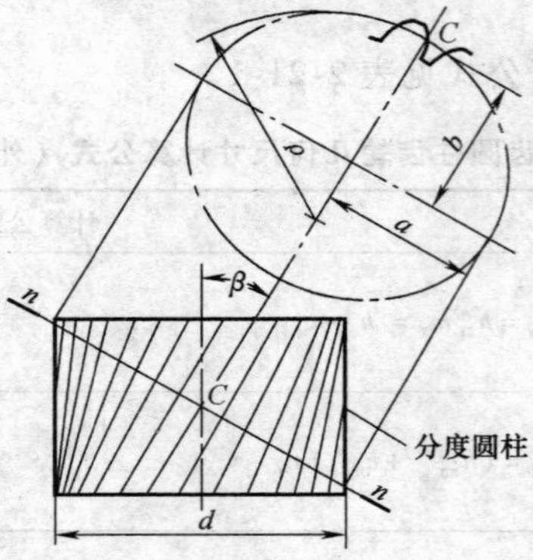

图 2-23 斜齿圆柱齿轮的当量齿轮

5. 斜齿圆柱齿轮的传动特点

与直齿圆柱齿轮传动相比，平行轴斜齿圆柱齿轮传动具有以下特点：

1）平行轴斜齿圆柱齿轮传动中齿廓接触线是斜直线，轮齿是逐渐进入和脱离啮合的，故工作平稳，冲击和噪声小，适用于高速传动。

2）重合度较大，承载能力强，传动的平稳性好。

3）不根切的最少齿数小于直齿轮的最小齿数 $z_{\min}$。

4）传动中存在轴向力，为克服此缺点，可采用人字齿轮。

二	斜齿圆柱齿轮传动的设计

1. 齿轮传动参数的选择

一般斜齿圆柱齿轮螺旋角为 8°~20°。设计中，常在法向模数 m_n 和齿数 z_1、z_2 确定后，为圆整中心距或配凑标准中心距而需根据以下几何关系计算螺旋角 β

$$\beta = \arccos \frac{m_n(z_1 + z_2)}{2a} \tag{2-12}$$

2. 斜齿圆柱齿轮传动的强度计算

（1）齿面接触疲劳强度

校核公式
$$\sigma_H = 3.17 Z_E \sqrt{\frac{KT_1(u \pm 1)}{b d_1^2 u}} \leqslant [\sigma_H] \tag{2-13}$$

设计公式
$$d_1 \geqslant \sqrt[3]{\left(\frac{3.17 Z_E}{[\sigma_H]}\right)^2 \frac{KT_1(u \pm 1)}{\psi_d u}} \tag{2-14}$$

（2）齿根弯曲疲劳强度

校核公式
$$\sigma_F = \frac{1.6 KT_1 \cos\beta}{b m_n^2 z_1} Y_F Y_S \leqslant [\sigma_F] \tag{2-15}$$

设计公式
$$m_n \geqslant \sqrt[3]{\frac{1.6 KT_1 \cos^2\beta}{\psi_d z_1^2} \frac{Y_F Y_S}{[\sigma_F]}} \tag{2-16}$$

公式各字母含义同直齿圆柱齿轮。

2.3.3 计划

根据任务内容制订小组任务计划，简要说明任务实施过程的步骤及注意事项，将计划内容等填入斜齿圆柱齿轮传动的设计与选用计划单，见表2-22。

表2-22 斜齿圆柱齿轮传动的设计与选用计划单

学习领域	机械设计与应用		
学习情境2	传动零部件的设计与选用	学时	30学时
任务3	斜齿圆柱齿轮传动的设计与选用	学时	4学时
计划方式	由小组讨论制订度本小组任务计划		

序号	实施步骤	使用资源

制订计划说明				
计划评价	评语：			
班级		第　　组	组长签字	
教师签字			日期	

2.3.4 决策

各小组之间讨论工作计划的合理性和可行性，选定合适的工作计划，进行决策，填写斜齿圆柱齿轮传动的设计与选用决策单，见表 2-23。

表 2-23 斜齿圆柱齿轮传动的设计与选用决策单

学习领域	机械设计与应用						
学习情境 2	传动零部件的设计与选用					学时	30 学时
任务 3	斜齿圆柱齿轮传动的设计与选用					学时	4 学时
	方案讨论					组号	
	组别	步骤顺序性	步骤合理性	实施可操作性	选用工具合理性	原因说明	
	1						
	2						
	3						
	4						
	5						
	1						
方案决策	2						
	3						
	4						
	5						
	1						
	2						
	3						
	4						
	5						
方案评价	评语：（根据组内的决策，对照计划进行修改并说明修改原因）						
班级		组长签字		教师签字		月 日	

2.3.5 实施

1. 实施准备

任务实施准备主要有场地准备、教学仪器（工具）准备、资料准备，见表2-24。

表2-24 斜齿圆柱齿轮传动的设计与选用实施准备

场地准备	教学仪器（工具）准备	资料准备
机械设计实训室	减速器、绘图工具、计算器	1. 李敏. 机械设计与应用. 北京：机械工业出版社，2010。 2. 封立耀. 机械设计基础实例教程. 北京：北京航空航天大学出版社，2007。 3. 胡家秀. 简明机械零件设计实用手册（第2版）. 北京：机械工业出版社，2012。 4. 压力机使用说明书。 5. 压力机安全技术操作规程。 6. 机械设计技术要求。

2. 实施任务

依据计划步骤实施任务，并完成作业单的填写。斜齿圆柱齿轮传动的设计与选用作业单见表2-25。

表2-25 斜齿圆柱齿轮传动的设计与选用作业单

学习领域	机械设计与应用		
学习情境2	传动零部件的设计与选用	学时	30 学时
任务3	斜齿圆柱齿轮传动的设计与选用	学时	4学时
作业方式	小组分析，个人解答，现场批阅，集体评判		
1	分析斜齿圆柱齿轮传动的特点。		
作业解答：			

2	设计压力机中斜齿圆柱齿轮传动。工作参数：主动齿轮轴输入功率为6.77kW，主动齿轮轴转速为232r/min。

作业解答：

作业评价：

班级		组别		组长签字	
学号		姓名		教师签字	
教师评分		日期			

2.3.6 检查评价

学生完成本学习任务后，应展示的结果有完成的计划单、决策单、作业单、检查单、评价单。

1. 斜齿圆柱齿轮传动的设计与选用检查单（表 2-26）

表 2-26 斜齿圆柱齿轮传动的设计与选用检查单

学习领域	机械设计与应用				
学习情境 2	传动零部件的设计与选用			学时	30 学时
任务 3	斜齿圆柱齿轮传动的设计与选用			学时	4 学时
序号	检查项目		检查标准	学生自查	教师检查
1	任务书阅读与分析能力，正确理解及描述目标要求		准确理解任务要求		
2	与同组同学协商，确定人员分工		较强的团队协作能力		
3	资料的查阅、分析和归纳能力		较强的资料检索能力和分析总结能力		
4	斜齿圆柱齿轮传动的参数选择与设计能力		斜齿圆柱齿轮传动设计步骤正确，参数选择与设计计算结果正确		
5	安全生产与环保		符合“5S”要求		
6	设计缺陷的分析诊断能力		问题判断准确，缺陷处理得当		
检查评价	评语：				
班级		组别		组长签字	
教师签字				日期	

2. 斜齿圆柱齿轮传动的设计与选用评价单（表2-27）

表2-27　斜齿圆柱齿轮传动的设计与选用评价单

学习领域	机械设计与应用								
学习情境2	传动零部件的设计与选用			学时					30学时
任务3	斜齿圆柱齿轮传动的设计与选用			学时					4学时
评价类别	评价项目	子项目	个人评价	组内互评					教师评价
专业能力（60%）	资讯（8%）	搜集信息（4%）							
		引导问题回答（4%）							
	计划（5%）	计划可执行度（5%）							
	实施（12%）	工作步骤执行（3%）							
		功能实现（3%）							
		质量管理（2%）							
		安全保护（2%）							
		环境保护（2%）							
	检查（10%）	全面性、准确性（5%）							
		异常情况排除（5%）							
	过程（15%）	使用工具规范性（7%）							
		操作（分析设计）过程规范性（8%）							
	结果（5%）	结果质量（5%）							
	作业（5%）	作业质量（5%）							
社会能力（20%）	团结协作（10%）	对小组的贡献（5%）							
		小组合作配合状况（5%）							
	敬业精神（10%）	吃苦耐劳精神（5%）							
		学习纪律性（5%）							
方法能力（20%）	计划能力（10%）								
	决策能力（10%）								
评价评语	评语：								
班级		组别		学号			总评		
教师签字		组长签字		日期					

2.3.7 实践中常见问题解析

斜齿圆柱齿轮螺旋角 β 一般选 8°~15°。β 过小，体现不出斜齿轮传动平稳、重合度大等优势；但 β 过大，会使轴向力增大，影响轴承寿命。

2.3.8 知识拓展

1. 直齿锥齿轮传动

（1）锥齿轮传动的应用、特点和分类　锥齿轮传动用于两相交轴间的传动，轴交角 Σ 可以是任意的，但常用 $\Sigma=90°$ 的传动。锥齿轮的轮齿分为直齿、斜齿和曲齿三种类型。其中直齿锥齿轮易于制造安装，应用广泛，如图 2-24 所示。

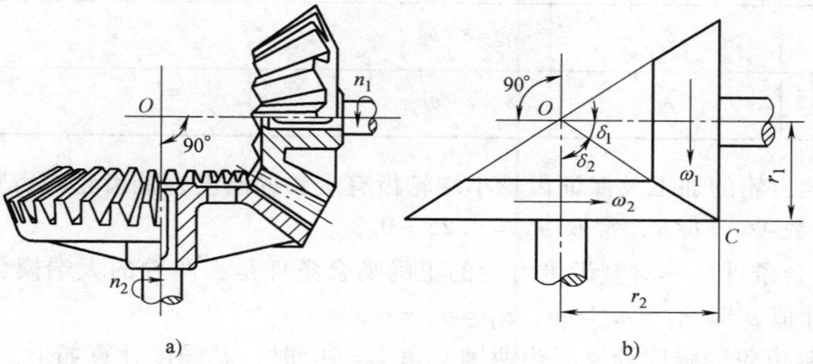

图 2-24　直齿锥齿轮传动

（2）直齿锥齿轮的主要参数、几何尺寸和正确啮合条件

1）主要参数。规定锥齿轮的参数和尺寸均以大端为标准值，即规定锥齿轮的大端模数 m 为标准值，压力角 $\alpha=20°$，齿顶高系数 $h_a^*=1$，顶隙系数 $c^*=0.2$。

2）几何尺寸计算。当 $\Sigma=\delta_1+\delta_2=90°$ 时，传动比为

$$i=\frac{n_1}{n_2}=\frac{z_2}{z_1}=\frac{d_2}{d_1}=\frac{r_2}{r_1}=\tan\delta_2=\cot\delta_1 \tag{2-17}$$

$\Sigma=\delta_1+\delta_2=90°$ 的标准直齿锥齿轮传动中，齿轮各部分名称及几何尺寸计算公式见表 2-28。

表 2-28　标准直齿锥齿轮传动（$\Sigma=90°$）中的主要几何尺寸计算公式

名称	符号	计算公式
分度圆锥角	δ	$\delta_1=\mathrm{arccot}\frac{z_2}{z_1}, \delta_2=90°-\delta_1$
分度圆直径	d	$d_1=mz_1, d_2=mz_2$
齿顶高	h_a	$h_{a1}=h_{a2}=h_a^* m$
齿根高	h_f	$h_{f1}=h_{f2}=(h_a^*+c^*)m$

（续）

名称	符号	计算公式
齿顶圆直径	d_a	$d_{a1}=d_1+2h_a\cos\delta_1$, $d_{a2}=d_2+2h_a\cos\delta_2$
齿根圆直径	d_f	$d_{f1}=d_1-2h_f\cos\delta_1$, $d_{f2}=d_2-2h_f\cos\delta_2$
锥距	R	$R=\frac{1}{2}\sqrt{d_1^2+d_2^2}=\frac{m}{2}\sqrt{z_1^2+z_2^2}$
齿宽	b	$b=\psi_R R$, $\psi_R\approx 0.25\sim0.3$
齿顶角	θ_a	$\theta_{a1}=\theta_{a2}=\arctan\frac{h_a}{R}$
齿根角	θ_f	$\theta_{f1}=\theta_{f2}=\arctan\frac{h_f}{R}$
顶锥角	δ_a	$\delta_a=\delta+\theta_a$
根锥角	δ_f	$\delta_f=\delta-\theta_f$

为了便于锥齿轮的加工及保证齿轮小端轮齿有足够的刚度，锥齿轮的齿宽 b 一般不大于 $0.35R$。齿宽系数 $\Psi_R=b/R$，常取 $\Psi_R=0.25\sim0.3$。

3）正确啮合条件。一对直齿锥齿轮的正确啮合条件是：两轮的大端模数和压力角分别相等且等于标准值，即 $m_1=m_2=m$，$\alpha_1=\alpha_2=\alpha$。

（3）直齿锥齿轮的强度计算　当两轴交角 $\Sigma=90°$时，其强度计算如下。

1）齿面接触疲劳强度：

校核公式
$$\sigma_H=\frac{4.98Z_E}{1-0.5\psi_R}\sqrt{\frac{KT_1}{\psi_R d_1^3 u}}\leqslant[\sigma_H] \tag{2-18}$$

设计公式
$$d_1\geqslant\sqrt[3]{\left(\frac{4.98Z_E}{(1-0.5\psi_R[\sigma_H]}\right)^2\frac{KT_1}{\psi_R u}} \tag{2-19}$$

2）齿根弯曲疲劳强度

校核公式
$$\sigma_F=\frac{4.7KT_1}{\psi_R(1-1.5\psi_R)^2m^3z_1^2\sqrt{u^2+1}}Y_FY_S\leqslant[\sigma_F] \tag{2-20}$$

设计公式
$$m\geqslant\sqrt[3]{\frac{4.7KT_1}{\psi_R(1-0.5\psi_R)^2z_1^2\sqrt{u^2+1}}\frac{Y_FY_S}{[\sigma_F]}} \tag{2-21}$$

齿轮的制造工艺复杂，大尺寸的锥齿轮加工更困难，因此在设计时应尽量减小其尺寸。如在传动中当同时有锥齿轮传动和圆柱齿轮传动时，应尽可能将锥齿轮传动放在高速级，这样可使设计的锥齿轮尺寸较小，便于加工。为了使大锥齿轮的尺寸不至于过大，通常齿数比 $u<5$。

2. 齿轮传动装置的润滑

齿轮传动时对轮齿进行润滑，可以减少齿面间的摩擦和磨损，还可以防锈和降低噪声，从而可提高传动效率和延长齿轮寿命。

（1）润滑方式　闭式齿轮传动的润滑方式有浸油润滑和喷油润滑两种，如图 2-25 和图

2-26 所示，一般可根据齿轮的圆周速度进行选择。当齿轮的圆周速度 $v \leqslant 12\text{m/s}$ 时，通常采用浸油润滑方式。当齿轮的圆周速度 $v > 12\text{m/s}$ 时，可采用喷油润滑。对于开式齿轮传动的润滑，由于传动速度较低，通常采用人工定期加油润滑方式。

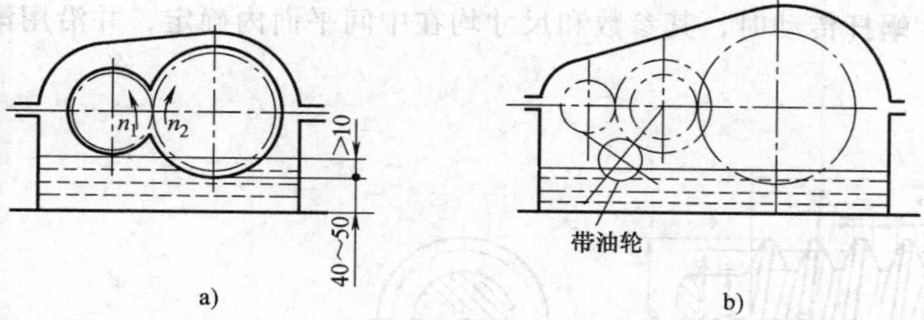

图 2-25　浸油润滑

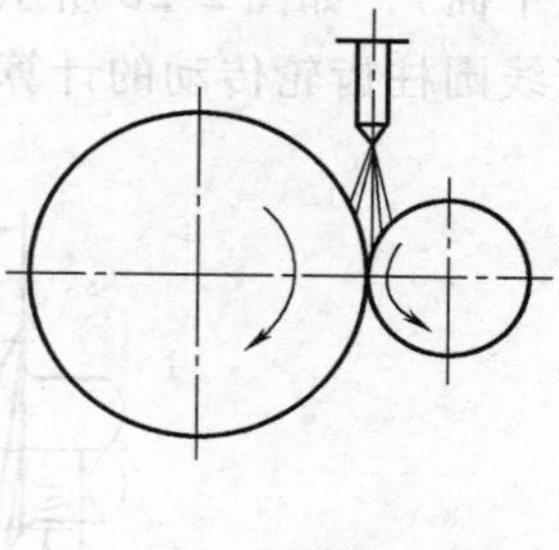

图 2-26　喷油润滑

（2）润滑剂的选择　齿轮传动的润滑剂多采用润滑油。通常根据齿轮材料和圆周速度选取油的黏度，并由选定的黏度再确定润滑油的牌号（参看有关机械设计手册）。

3. 蜗杆传动

在运动转换中，常需要进行空间交错轴之间的运动转换，在要求大传动比的同时，又希望传动机构的结构紧凑，采用蜗杆传动机构则可以满足上述要求。蜗杆传动广泛应用于机床、汽车、仪器、起重运输机械、冶金机械以及其他机械制造工业中。

蜗杆传动由蜗杆和蜗轮组成，主要用于传递空间交错的两轴之间的运动和动力，通常轴交角为90°，如图 2-27 所示。一般情况下，蜗杆为主动件，蜗轮为从动件。

（1）蜗杆传动的类型　根据蜗杆的不同形状，可分为圆柱蜗杆传动、环面蜗杆传动、锥蜗杆传动三种类型。圆柱蜗杆按照螺旋齿面在相同剖面内齿廓曲线形状不同可分为阿基米德蜗杆（ZA 蜗杆）、法向直廓蜗杆（ZN 蜗杆）和渐开线蜗杆（ZI 蜗杆）。其中以阿基米德蜗杆（又称为普通圆柱蜗杆）加工最简便，在机械传动中应用广泛。

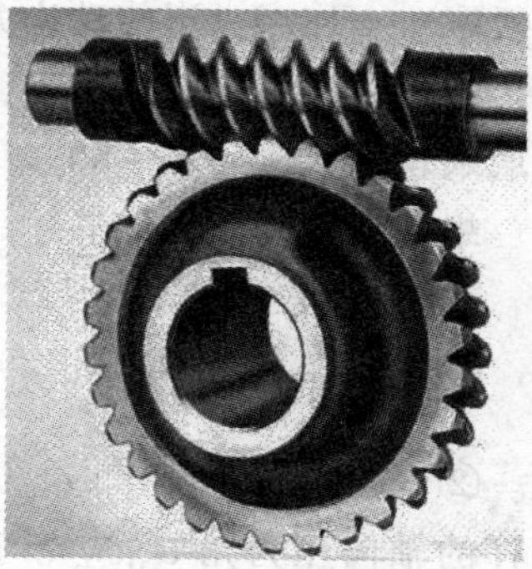

图 2-27　蜗杆传动

（2）蜗杆传动的特点

1）传动平稳、噪声低、结构紧凑。

2）传动比大。在动力传动中一般 $i = 8 \sim 100$，在分度机构中传动比 i 可达 1000。

3）具有自锁性。当蜗杆的导程角小于轮齿间的当量摩擦角时，可实现自锁。即蜗杆能带动蜗轮旋转，而蜗轮不能带动蜗杆转动。

4）传动效率低。蜗杆传动由于齿面间相对滑动速度大，齿面摩擦严重，故在制造精度和传动比相同的条件下，蜗杆传动的效率比齿轮传动低，一般只有 0.7 ~ 0.8。具有自锁功能的蜗杆机构，传动效率则一般不大于 0.5。

5）制造成本高。为了降低摩擦，减小磨损，提高齿面抗胶合能力，蜗轮齿圈部分常用减摩性能好的有色金属制造，成本较高。

蜗杆传动常用于交错轴交角 $\Sigma=90°$ 的两轴间传递运动和动力。由于传动效率较低，故大功率连续传动一般不用蜗杆传动。在一些起重设备中，可利用蜗杆传动的自锁性起安全保护作用。

(3) 蜗杆传动的主要参数和几何尺寸计算

1) 蜗杆传动的主要参数。通过蜗杆轴线并垂直于蜗轮轴线的平面称为中间平面（或称主平面），如图 2-28 所示。设计蜗杆传动时，其参数和尺寸均在中间平面内确定，并沿用渐开线圆柱齿轮传动的计算公式。

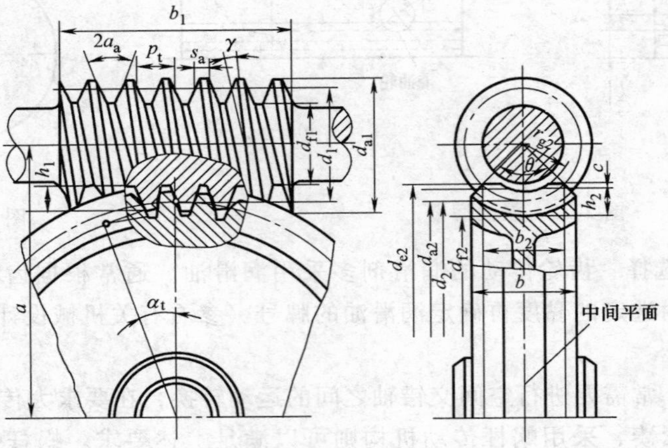

图 2-28　蜗杆传动的主要参数和几何尺寸

① 蜗杆头数 z_1、蜗轮齿数 z_2 和传动比 i。蜗杆头数 z_1 为蜗杆螺旋线的数目，蜗杆的头数一般取 $z_1=1\sim4$。当传动比大于 40 或要求蜗杆自锁时，取 $z_1=1$；当传递功率较大时，为提高传动效率、减少能量损失，常取 $z_1=2\sim4$。蜗杆头数越多，加工精度越难保证。通常情况下取蜗轮齿数 $z_2=28\sim80$。

蜗杆传动的传动比 i 为

$$i=\frac{n_1}{n_2}=\frac{z_2}{z_1} \tag{2-22}$$

② 模数 m 和压力角 α。在中间平面上，蜗杆的轴向模数 m_{a1} 应等于蜗轮的端面模数 m_{t2}，蜗杆的轴向压力角 α_{a1} 应等于蜗轮的端面压力角 α_{t2}。规定中间平面上的模数和压力角为标准值。

③ 蜗杆分度圆导程角 r。蜗杆分度圆柱导程角 r 与蜗杆导程的关系为

$$\tan r=\frac{z_1p_{a1}}{\pi d_1}=\frac{z_1\pi m}{\pi d_1}=\frac{z_1m}{d_1} \tag{2-23}$$

根据传动原理，轴交角为 90° 的蜗杆传动正确啮合的条件为

$$\left.\begin{aligned}m_{a1}&=m_{t2}=m\\\alpha_{a1}&=\alpha_{t2}=20°\\r&=\beta\end{aligned}\right\} \tag{2-24}$$

④ 蜗杆分度圆直径 d_1 和蜗杆直径系数 q。为了减少滚刀的数量，并使刀具标准化，国家标准规定蜗杆的分度圆直径 d_1 为标准值。蜗杆分度圆直径 d_1 与模数 m 的比值称为蜗杆直径系数，用 q 表示，即

$$q = \frac{d_1}{m} \tag{2-25}$$

2）圆柱蜗杆传动的几何尺寸计算。圆柱蜗杆传动几何尺寸计算公式见表 2-29。

表 2-29　圆柱蜗杆传动的几何尺寸计算公式

名称	计算公式	
	蜗杆	蜗轮
齿顶高	$h_{a1} = m$	$h_{a2} = m$
齿根高	$h_{f1} = 1.2m$	$h_{f2} = 1.2m$
分度圆直径	$d_1 = mq$	$d_2 = mz_2$
齿顶圆直径	$d_{a1} = m(q+2)$	$d_{a2} = m(z_2+2)$
齿根圆直径	$d_{f1} = m(q-2.4)$	$d_{f2} = m(z_2-2.4)$
顶隙	$c = 0.2$m	
蜗杆轴向齿距 蜗轮端面齿距	$p_{a1} = p_{t2} = \pi m$	
蜗杆分度圆导程角	$r = \arctan z_1/q$	
蜗轮分度圆螺旋角		$\beta = \lambda$
中心距	$a = \frac{m}{2}(q+z_2)$	
蜗杆齿宽	$z_1 = 1、2, b_1 \geqslant (11+0.06z_2)m$ $z_2 = 4, b_1 \geqslant (12.5+0.09)m$	
蜗轮咽喉母圆半径		$r_{g2} = a - \frac{1}{2}d_{a_2}$
蜗轮顶圆直径		$z_1 = 1, d_{e2} \leqslant d_{a2} + 2m$ $z_1 = 2 \sim 3, d_{e2} \leqslant d_{a2} + 1.5m$ $z_1 = 4 \sim 6, d_{e2} \leqslant d_{a2} + m$
蜗轮齿宽		$z_1 = 1,2, b_2 \leqslant 0.75d_{a1}$ $z_1 = 4 \sim 6, b_2 \leqslant 0.67d_{a1}$
蜗轮齿宽角		$\theta = 2\arcsin(b_2/d_1)$ 一般动力传动 $\theta = 70° \sim 90°$ 高速动力传动 $\theta = 90° \sim 130°$ 分度传动 $\theta = 45° \sim 60°$

（4）蜗杆传动的强度计算　在中间平面内，蜗杆与蜗轮的啮合相当于齿条与斜齿轮啮合，因此蜗杆传动的强度计算方法与齿轮传动相似。

1）蜗轮齿面接触强度计算。对于钢制的蜗杆，与青铜或铸铁制的蜗轮配对，其蜗轮齿

面接触疲劳强度计算公式为

校核公式
$$\sigma_{\mathrm{H}}=480\sqrt{\frac{KT_2\cos r}{d_1 d_2^2}}\leqslant[\sigma_{\mathrm{H}}] \tag{2-26}$$

设计公式
$$m^2 d_1 \geqslant KT_2\cos\gamma\left(\frac{480}{z_2[\sigma_{\mathrm{H}}]}\right)^2 \tag{2-27}$$

式中 K——载荷系数，一般取 $K=1.1\sim1.3$；

T_2——蜗轮上的转矩（N · mm）；

$[\sigma_{\mathrm{H}}]$——蜗轮许用接触应力（MPa）；

d_1——蜗杆分度圆直径（mm）；

d_2——蜗轮分度圆直径（mm）；

γ——分度圆导程角（°）。

2）蜗轮齿根弯曲疲劳强度计算。蜗轮齿形复杂，难以精确计算齿根弯曲疲劳强度，只能进行条件性的估算。把蜗轮近似看作斜齿轮，并根据蜗杆传动特点，可得到蜗轮齿根弯曲疲劳强度计算公式。

校核公式
$$\sigma_{\mathrm{F}}=\frac{1.64KT_2}{d_1 d_2 m}Y_{\mathrm{FS}}Y_{\beta}\leqslant[\sigma_{\mathrm{F}}] \tag{2-28}$$

设计公式
$$m^2 d_1 \geqslant \frac{1.64KT_2}{z_2[\sigma_{\mathrm{F}}]}Y_{\mathrm{FS}}Y_{\beta} \tag{2-29}$$

式中 Y_{FS}——蜗轮复合齿形系数，按当量齿数查技术资料；

Y_{β}——螺旋角系数，$Y_{\beta}=1-(\gamma/140°)$；

m——模数（mm）；

$[\sigma_{\mathrm{F}}]$——蜗轮许用弯曲应力（MPa）。

其他字母含义同前。

设计闭式蜗杆传动时，先选择蜗杆头数 z_1、蜗轮齿数 z_2，再由强度计算公式求出 $m^2 d_1$ 的值，然后确定 m 和 d_1，进而计算几何尺寸，最后进行齿根弯曲疲劳强度校核及热平衡计算。

（5）蜗杆传动的效率和热平衡计算

1）蜗杆传动的效率。闭式蜗杆传动的功率损失包括三部分：蜗杆传动的啮合摩擦损失、搅油损失、轴承摩擦损失。后两项损失不大，一般闭式蜗杆传动的效率为0.95～0.97。

2）蜗杆传动的热平衡计算。由于蜗杆传动效率较低，发热量大，润滑油温升增加，润滑油黏度下降，润滑状态恶劣，导致齿面胶合失效，所以，对连续运转的蜗杆传动需做热平衡计算。

蜗杆传动损耗的功率为

$$P_{\mathrm{S}}=1000P_1(1-\eta)$$

式中 P_1——蜗杆传动输入功率（kW）；

η——蜗杆传动效率。

从箱体外壁散发的热量所相当的功率为

$$P_c = K_S A(t_1 - t_0)$$

热平衡条件是：在允许的润滑油工作温升范围内，箱体外表面散发出热量的相当功率应大于或等于传动损耗的功率，即

$$P_c \geqslant P_S$$

$$K_S A(t_1 - t_0) \geqslant 1000 P_1 (1-\eta)$$

$$t_1 \geqslant \frac{1000 P_1 (1-\eta)}{K_S A} + t_0 \tag{2-30}$$

式中 K_S——箱体表面散热系数（$W/(m^2 \cdot ℃)$），一般取 $K_S = 8.5 \sim 17.5 W/(m^2 \cdot ℃)$，通风条件良好（例如箱体周围空气循环好，外壳上无灰尘杂物）时取大值，可取 $K_S = 14 \sim 17.5 W/(m^2 \cdot ℃)$，否则取小值；

A——箱体散热面积（m^2），散热面积是指箱体内表面被润滑油浸到（或飞溅到），而外表面又能被自然循环的空气所冷却的面积。箱体凸缘、散热片等的散热面积，按表面积的 0.5 倍计算；

t_0——周围空气的温度（℃），通常取 $t_0 = 20℃$；

t_1——热平衡时的工作温度（℃），一般 t_1 应小于 60～75℃，最高不超过 80℃。

若润滑油的工作温度 t_1 超过允许值或散热面积不足时，应采取下列办法提高散热能力：在箱体外表面加散热片以增加散热面积；在蜗杆的端面安装风扇，加速空气流通；提高散热系数，可取 $K_S = 18 \sim 35\ W/(m^2 \cdot ℃)$；在油池中安装蛇形水管，用循环水冷却；采用压力喷油循环润滑。蜗杆传动的冷却方法如图 2-29 所示。

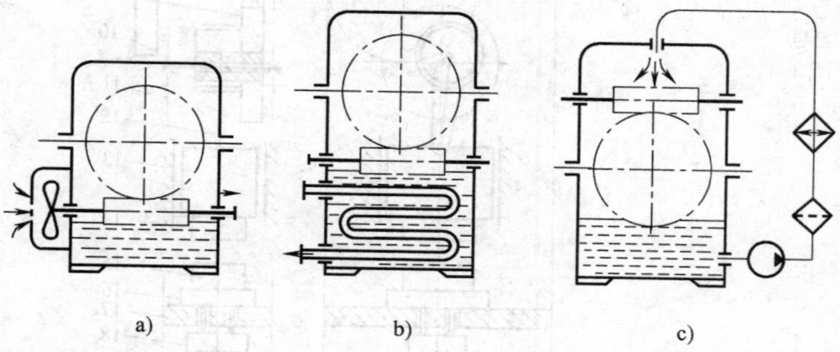

图 2-29　蜗杆传动的冷却方法

a）安装风扇冷却　b）安装蛇形水管冷却

c）压力喷油循环润滑冷却

任务 2.4　轮系传动比的计算

2.4.1　任务描述

轮系传动比的计算任务单见表 2-30。

表 2-30　轮系传动比的计算任务单

<table>
<tr><td>学习领域</td><td colspan="3">机械设计与应用</td></tr>
<tr><td>学习情境 2</td><td>传动零部件的设计与选用</td><td>学时</td><td>30 学时</td></tr>
<tr><td>任务 4</td><td>轮系传动比的计算</td><td>学时</td><td>6 学时</td></tr>
<tr><td colspan="4">布置任务</td></tr>
<tr><td>学习目标</td><td colspan="3">1. 能够进行定轴轮系、周转轮系和复合轮系传动比的计算。
2. 具有对轮系和减速器进行工作分析和计算的能力。</td></tr>
<tr><td>任务描述</td><td colspan="3">计算压力机中轮系（图 2-30 中 6、7、8、9 齿轮传动部分构成的轮系）的传动比。工作参数：轮系动力由齿轮 6 输入，由齿轮 9 输出，输入功率为 28. 8kW，输出转速为 20r/min，$z_6=18$，$z_7=58$，$z_8=25$，$z_9=75$。

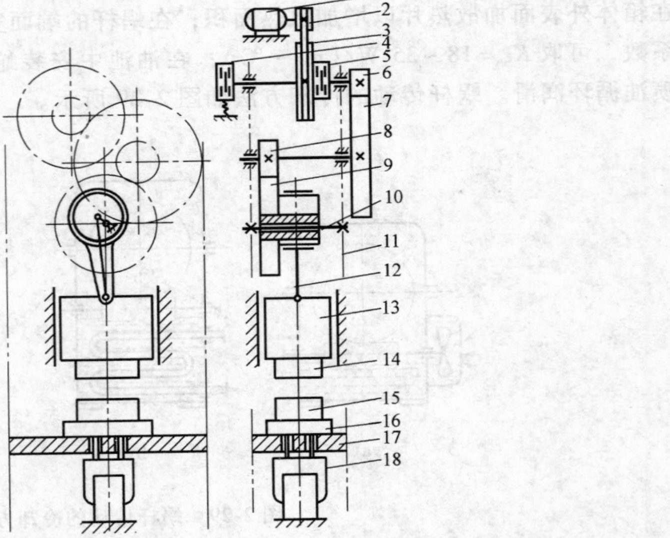

图 2-30　J31—315 型压力机结构简图
1—电动机　2、3—带轮　4—制动器　5—离合器　6、7、8、9—齿轮　10—心轴　11—机身　12—连杆　13—滑块　14—上模　15—下模　16—垫板　17—工作台　18—液压气垫</td></tr>
</table>

任务分析	曲柄压力机可以采用多级齿轮传动，以 J31-315 型压力机为例，电动机带动带传动，动力通过两级齿轮传动减速传到曲柄连杆机构。这样的两级或多级齿轮传动就构成了轮系，它是机器中广泛应用的传动系统。下具体任务如下： 1. 分析轮系的类型、特点和应用。 2. 计算定轴轮系、周转轮系和复合轮系的传动比。

学时安排	资讯 2 学时	计划 0.5 学时	决策 0.5 学时	实施 2 学时	检查 0.5 学时	评价 0.5 学时

提供资料	1. 胡家秀. 简明机械零件设计实用手册（第 2 版）. 北京：机械工业出版社，2012。 2. 李敏. 机械设计与应用. 北京：机械工业出版社，2010。 3. 封立耀. 机械设计基础实例教程. 北京：北京航空航天大学出版社，2007。 4. 孟玲琴. 机械设计基础课程设计. 北京：北京理工大学出版社，2013。 5. 压力机使用说明书。 6. 压力机安全技术操作规程。 7. 机械设计技术要求。
对学生的要求	1. 能够对任务书进行分析，能够正确理解和描述目标要求。 2. 具有独立思考、善于提问的学习习惯。 3. 具有查询资料和市场调研能力，具备严谨求实和开拓创新的学习态度。 4. 能够执行企业“5S”质量管理体系要求，具备良好的职业意识和社会能力。 5. 具备一定的观察理解和判断分析能力。 6. 具有团队协作、爱岗敬业的精神。 7. 具有一定的创新思维和勇于创新的精神。 8. 按时、按要求上交作业，并列入考核成绩。

2.4.2 资讯

1. 轮系传动比的计算资讯单见（表2-31）

表2-31 轮系传动比的计算资讯单

学习领域	机械设计与应用		
学习情境2	传动零部件的设计与选用	学时	30学时
任务4	轮系传动比的计算	学时	6学时
资讯方式	学生根据教师给出的资讯引导进行查询解答		
资讯问题	1. 轮系分为几种类型？各有什么特点？ 2. 如何计算定轴轮系传动比？ 3. 如何计算周转轮系传动比？ 4. 如何计算复合轮系传动比？ 5. 压力机减速器中的轮系属于哪种类型的轮系？		
资讯引导	1. 问题1可参考信息单信息资料第一部分内容和李敏主编的《机械设计与应用》第154—155页。 2. 问题2可参考信息单信息资料第二部分内容和李敏主编的《机械设计与应用》第155—157页。 3. 问题3可参考信息单信息资料第二部分内容和李敏主编的《机械设计与应用》第157—159页。 4. 问题4可参考信息单信息资料第二部分内容和李敏主编的《机械设计与应用》第159页。 5. 问题5可参考信息单信息资料第一部分内容。		

2. 轮系传动比的计算信息单（表2-32）

表2-32 轮系传动比的计算信息单

学习领域	机械设计与应用		
学习情境2	传动零部件的设计与选用	学时	30学时
任务4	轮系传动比的计算	学时	6学时
序号	信息资料		
一	轮系类型的判断		

在机械传动中，只用一对齿轮传动常常不能满足工作要求，故常采用一系列互相啮合的齿轮构成的齿轮传动系统来完成传动要求。这种由若干个齿轮组成的传动系统称为轮系。

轮系可分为三种基本类型：定轴轮系、周转轮系和复合轮系。

定轴轮系：轮系中每个齿轮的轴线相对于机架的位置都是固定不动的，如图2-31所示。

周转轮系：轮系中至少有一个齿轮的轴线绕其他齿轮固定轴线回转。

复合轮系：轮系中既有定轴轮系又有周转轮系。

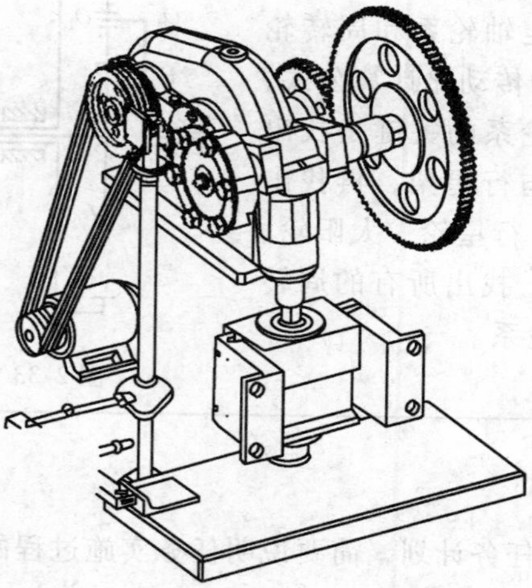

图 2-31　压力机中的定轴轮系

二	轮系传动比的计算

1. 定轴轮系传动比的计算

定轴轮系按照轴线分布情况不同有两类：一类是所有齿轮的轴线都相互平行，称为平行轴定轴轮系（也称平面定轴轮系）；另一类是轮系中有相交或交错的轴线，称为非平行轴定轴轮系（也称空间定轴轮系）。

轮系传动比是指轮系中输入轴与输出轴的转速（或角速度）之比，用 i_{1K} 表示，下标 1、K 表示输入轴和输出轴的代号。

（1）平行轴定轴轮系传动比的计算

$$i_{1K}=\frac{n_1}{n_K}=(-1)^m\frac{\text{从轮1至轮 }K\text{ 所有从动轮齿数的乘积}}{\text{从轮1至轮 }K\text{ 所有主动轮齿数的乘积}} \tag{2-31}$$

（2）非平行轴定轴轮系传动比的计算　非平行轴定轴齿轮系（图 2-32）传动比的计算公式同式（2-31），但应取消 $(-1)^m$，不能用 $(-1)^m$ 来确定主动轮与从动轮的转向关系，只能用画箭头的方式在图上标注出各轮的转向，如图 2-32 所示。

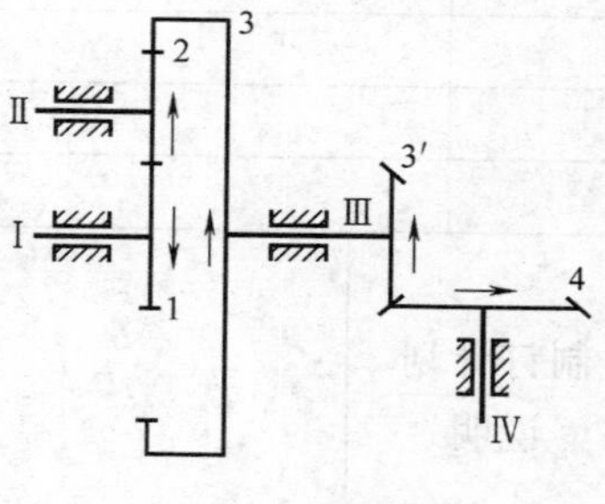

图 2-32　非平行轴定轴轮系

2. 周转轮系传动比的计算

取周转轮系的转化轮系，如图 2-33 所示。转化轮系的传动比为

$$i_{1K}^{\ \mathrm{H}}=\frac{n_1-n_{\mathrm{H}}}{n_K-n_{\mathrm{H}}}=(-1)^m\frac{\text{从轮1至轮 }K\text{ 所有从动轮齿数的乘积}}{\text{从轮1至轮 }K\text{ 所有主动轮齿数的乘积}} \tag{2-32}$$

3. 复合轮系传动比的计算

首先将复合轮系中的定轴轮系和周转轮系区别开，分别列出它们的传动比计算公式，最后联立求解。分析复合轮系的关键是找出行星轮系。先找出行星轮与行星架，再找出与行星轮相啮合的太阳轮。行星轮、太阳轮、行星架构成一个周转轮系。找出所有的周转轮系后，剩下的就是定轴轮系。

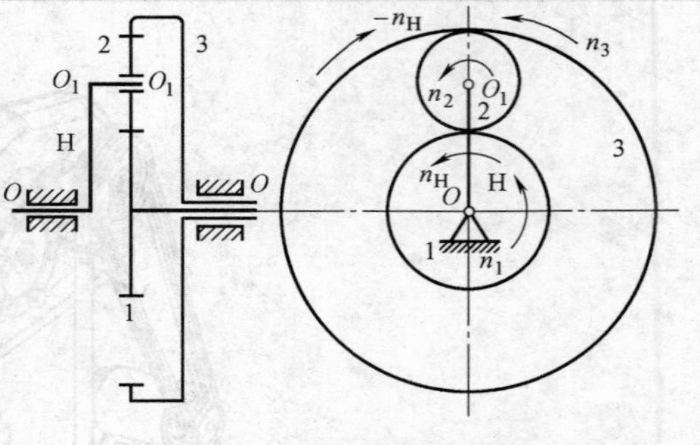

图 2-33　周转轮系的转化轮系

2.4.3　计划

根据任务内容制订小组任务计划，简要说明任务实施过程的步骤及注意事项，将计划内容等填入轮系传动比的计算计划单，见表 2-33。

表 2-33　轮系传动比的计算计划单

学习领域	机械设计与应用			
学习情境 2	传动零部件的设计与选用		学时	30 学时
任务 4	轮系传动比的计算		学时	6 学时
计划方式	由小组讨论制订本小组任务计划			
序号	实施步骤			使用资源
制订计划说明				
计划评价	评语：			
班级		第　　组	组长签字	
教师签字			日期	

2.4.4 决策

各小组之间讨论工作计划的合理性和可行性，选定合适的工作计划，进行决策，填写轮系传动比的计算决策单，见表2-34。

表2-34 轮系传动比的计算决策单

学习领域	机械设计与应用					
学习情境2	传动零部件的设计与选用				学时	30学时
任务4	轮系传动比的计算				学时	6学时
	方案讨论				组号	
	组别	步骤顺序性	步骤合理性	实施可操作性	选用工具合理性	原因说明
	1					
	2					
	3					
	4					
	5					
方案决策	1					
	2					
	3					
	4					
	5					
	1					
	2					
	3					
	4					
	5					
方案评价	评语：（根据组内的决策，对照计划进行修改并说明修改原因）					
班级		组长签字		教师签字		月 日

2.4.5 实施

1. 实施准备

任务实施准备主要有场地准备、教学仪器（工具）准备、资料准备，见表2-35。

表2-35 轮系传动比的计算实施准备

场地准备	教学仪器（工具）准备	资料准备
机械设计实训室	减速器、绘图工具、计算器	1. 李敏. 机械设计与应用. 北京：机械工业出版社，2010。 2. 封立耀. 机械设计基础实例教程. 北京：北京航空航天大学出版社，2007。 3. 胡家秀. 简明机械零件设计实用手册（第2版）. 北京：机械工业出版社，2012。 4. 压力机使用说明书。 5. 压力机安全技术操作规程。 6. 机械设计技术要求。

2. 实施任务

依据计划步骤实施任务，并完成作业单的填写。轮系传动比的计算作业单见表2-36。

表2-36 轮系传动比的计算作业单

学习领域	机械设计与应用		
学习情境2	传动零部件的设计与选用	学时	30学时
任务4	轮系传动比的计算	学时	6学时
作业方式	小组分析，个人解答，现场批阅，集体评判		
1	分析定轴轮系、周转轮系、复合轮系的特点。		
作业解答：			

2	计算压力机中轮系（图2-30中6、7、8、9齿轮传动部分构成的轮系）的传动比。工作参数：轮系动力由齿轮6输入，由齿轮9输出，输入功率为28.8kW，输出转速为20r/min，$z_6=18$，$z_7=58$，$z_8=25$，$z_9=75$。

作业解答：

作业评价：

班级		组别		组长签字	
学号		姓名		教师签字	
教师评分		日期			

2.4.6 检查评价

学生完成本学习任务后，应展示的结果有完成的计划单、决策单、作业单、检查单、评价单。

1. 轮系传动比的计算检查单（表 2-37）

表 2-37 轮系传动比的计算检查单

学习领域	机械设计与应用			
学习情境 2	传动零部件的设计与选用		学时	30 学时
任务 4	轮系传动比的计算		学时	6 学时
序号	检查项目	检查标准	学生自查	教师检查
1	任务书阅读与分析能力，正确理解及描述目标要求	准确理解任务要求		
2	与同组同学协商，确定人员分工	较强的团队协作能力		
3	资料的查阅、分析和归纳能力	较强的资料检索能力和分析总结能力		
4	轮系类型判断能力	轮系类型判断正确		
5	轮系传动比计算能力，齿轮转向判断能力	轮系传动比计算结果正确，会判断齿轮转向		
6	传动比计算过程的分析诊断能力	传动比计算正确，处理得当		
检查评价	评语：			
班级		组别	组长签字	
教师签字			日期	

2. 轮系传动比的计算评价单（表 2-38）

表 2-38　轮系传动比的计算评价单

学习领域	机械设计与应用								
学习情境 2	传动零部件的设计与选用			学时					30 学时
任务 4	轮系传动比的计算			学时					6 学时
评价类别	评价项目	子项目	个人评价	组内互评					教师评价
专业能力（60%）	资讯（8%）	搜集信息（4%）							
		引导问题回答（4%）							
	计划（5%）	计划可执行度（5%）							
	实施（12%）	工作步骤执行（3%）							
		功能实现（3%）							
		质量管理（2%）							
		安全保护（2%）							
		环境保护（2%）							
	检查（10%）	全面性、准确性（5%）							
		异常情况排除（5%）							
	过程（15%）	使用工具规范性（7%）							
		操作（分析设计）过程规范性（8%）							
	结果（5%）	结果质量（5%）							
	作业（5%）	作业质量（5%）							
社会能力（20%）	团结协作（10%）	对小组的贡献（5%）							
		小组合作配合状况（5%）							
	敬业精神（10%）	吃苦耐劳精神（5%）							
		学习纪律性（5%）							
方法能力（20%）	计划能力（10%）								
	决策能力（10%）								
评价评语	评语：								
班级		组别		学号		总评			
教师签字		组长签字		日期					

2.4.7 实践中常见问题解析

由锥齿轮组成的周转轮系，其转化机构的传动比仍可用圆柱齿轮周转轮系来计算，但其正、负号应先根据转化机构中 1、K 两齿轮的转向来确定。

2.4.8 拓展训练

训练项目：变速器中轮系传动比的计算

训练目的

- 使学生了解生产中齿轮变速器的变速原理和工作特点。
- 使学生掌握计算变速器中轮系传动比的方法。
- 培养学生解决实际问题的能力。

训练要点

- 能够分析变速器的工作原理和特点。
- 能够根据工作要求正确计算实际生产中变速器轮系的传动比。
- 培养学生独立分析和解决问题的能力。

设备和工具

齿轮变速器、螺纹扳手、计算器。

预习要求

预习轮系传动的工作原理、轮系传动比的计算公式。

训练题目

如图 2-34 所示，某车床齿轮变速器中，运动由电动机轴输入，由带轮轴输出，已知各齿轮齿数分别为 $z_1=18$、$z_2=20$、$z_3=18$、$z_4=19$、$z_5=20$、$z_6=20$、$z_7=21$、$z_8=22$、$z_9=22$、$z_{10}=18$、$z_{11}=30$、$z_{12}=26$，已知电动机轴（Ⅰ轴）输入的转速为 $n_1=446.7\text{r/min}$，求带轮轴的输出转速（六档转速）。

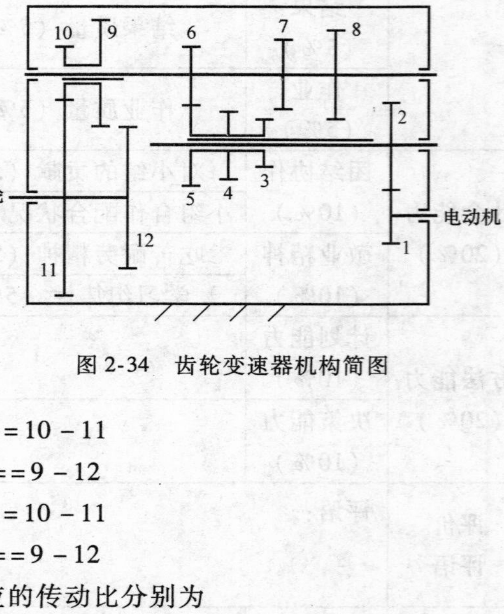

图 2-34 齿轮变速器机构简图

计算步骤

1）变速器通过滑移齿轮 3-4-5 和 9-10 与不同齿轮啮合，可以得到 6 条传动路线

$$1-2==5-6==10-11$$
$$1-2==5-6==9-12$$
$$1-2==4-7==10-11$$
$$1-2==4-7==9-12$$
$$1-2==3-8==10-11$$
$$1-2==3-8==9-12$$

2）计算传动比。与上述 6 条传动路线相对应的传动比分别为

$$i_1=(-1)^3\frac{z_2z_6z_{11}}{z_1z_5z_{10}}=-\frac{20\times20\times30}{18\times20\times18}=-1.85$$

$$i_2 = (-1)^3 \frac{z_2 z_6 z_{12}}{z_1 z_5 z_9} = -\frac{20 \times 20 \times 26}{18 \times 20 \times 22} = -1.31$$

$$i_3 = (-1)^3 \frac{z_2 z_7 z_{11}}{z_1 z_4 z_{10}} = -\frac{20 \times 21 \times 30}{18 \times 19 \times 18} = -2.05$$

$$i_4 = (-1)^3 \frac{z_2 z_7 z_{12}}{z_1 z_4 z_9} = -\frac{20 \times 21 \times 26}{18 \times 19 \times 22} = -1.45$$

$$i_5 = (-1)^3 \frac{z_2 z_8 z_{11}}{z_1 z_3 z_{10}} = -\frac{20 \times 22 \times 30}{18 \times 18 \times 18} = -2.26$$

$$i_6 = (-1)^3 \frac{z_2 z_8 z_{12}}{z_1 z_3 z_9} = -\frac{20 \times 22 \times 26}{18 \times 18 \times 22} = -1.6$$

3）计算带轮轴的转速（六档转速）。对应每一传动路线，带轮轴的转速分别为

$$n_1 = -\frac{n_1}{i_1} = -\frac{446.7}{1.85} = -241.5\text{r/min}$$

$$n_2 = -\frac{n_1}{i_2} = -\frac{446.7}{1.31} = -341\text{r/min}$$

$$n_3 = -\frac{n_1}{i_3} = -\frac{446.7}{2.05} = -217.9\text{r/min}$$

$$n_4 = -\frac{n_1}{i_4} = -\frac{446.7}{1.45} = -308.1\text{r/min}$$

$$n_5 = -\frac{n_1}{i_5} = -\frac{446.7}{2.26} = -197.6\text{r/min}$$

$$n_6 = -\frac{n_1}{i_6} = -\frac{446.7}{1.6} = -279.2\text{r/min}$$

带轮轴转速前的负号表示带轮轴的转向与电动机轴的转向相反。

训练小结

齿轮变速器在各种机床中广泛应用。齿轮变速器的变速原理是通过轴上的滑移齿轮在轴上的位置变化，来和不同的齿轮进行啮合，通过不同啮合路线中的齿轮齿数的变化来达到变速的目的。通过训练，有利于学生掌握齿轮变速器的变速原理和工作特点。

学习情境3

轴系零部件的设计与选用

【学习目标】

通过对压力机轴系零部件的设计训练，学生能够掌握轴的类型、特点及应用；能够进行轴的结构设计和强度计算；能够正确设计、使用和维护轴承；能够进行轴系的组合设计。

【学习任务】

1. 轴的设计与选用。
2. 滚动轴承的设计与选用。
3. 滑动轴承的设计与选用。

【情境描述】

图3-1所示为压力机一级齿轮减速器中的轴系零部件，包括输入轴（高速轴）、输出轴、轴承和轴上回转零件（齿轮、带轮等）等。轴上回转零件（齿轮、带轮等）要装配在轴上才能回转，而轴的回转又靠轴承来支承。本学习情境要完成压力机轴系零部件的设计与选用，所需设备（工具）和材料有压力机及其使用说明书、扳手、游标卡尺、计算器、多媒

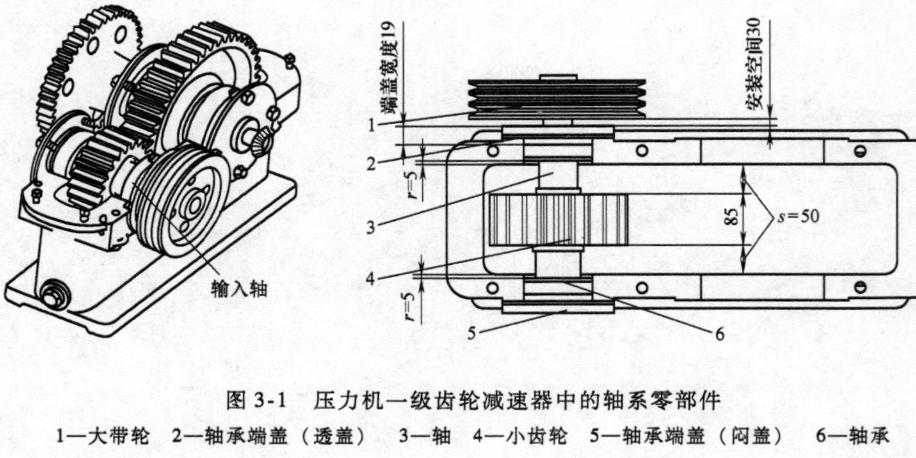

图3-1 压力机一级齿轮减速器中的轴系零部件

1—大带轮 2—轴承端盖（透盖） 3—轴 4—小齿轮 5—轴承端盖（闷盖） 6—轴承

体等。学生分组制订工作计划并实施，进行减速器拆装，掌握轴系零部件结构和工作特性，完成轴、滚动轴承和滑动轴承的设计等任务，最终完成作业单中的工作内容，掌握机器中传动零部件的设计和选用方法，培养机械设计创新能力。

任务 3.1　轴的设计与选用

3.1.1　任务描述

轴的设计与选用任务单见表 3-1。

表 3-1　轴的设计与选用任务单

学习领域	机械设计与应用		
学习情境 3	轴系零部件的设计与选用	学时	24 学时
任务 1	轴的设计与选用	学时	12 学时
布置任务			
学习目标	1. 能够分析轴的类型和特性。 2. 能够正确选择轴的材料。 3. 能够进行轴的强度校核。 4. 能够根据实际工作条件设计压力机减速器上的轴。		
任务描述	设计压力机所用的减速器输出轴（图 3-2）。工作参数：减速器输出轴 2 的输出功率为 6.18kW，转速 $n = 58\text{r/min}$。大齿轮轴端离合器轮毂宽为 50mm，输入轴上斜齿轮的参数和尺寸与学习情境 2 中任务 3 的设计数据相同。 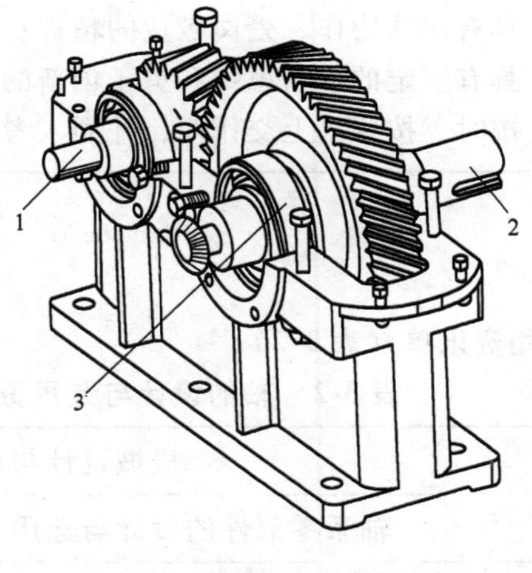 图 3-2　减速器中的轴和轴承 1—输入轴　2—输出轴　3—滚动轴承		

任务分析	压力机减速器中的输出轴是转轴，结构为阶梯形，在机器中具有普遍性和典型性。具体任务如下： 1. 选用轴的类型和材料。 2. 进行压力机减速器输出轴的结构设计和轴的强度计算。					
学时安排	资讯 4学时	计划 1学时	决策 1学时	实施 5学时	检查 0.5学时	评价 0.5学时
提供资料	1. 胡家秀. 简明机械零件设计实用手册（第2版）. 北京：机械工业出版社，2012。 2. 李敏. 机械设计与应用. 北京：机械工业出版社，2010。 3. 封立耀. 机械设计基础实例教程. 北京：北京航空航天大学出版社，2007。 4. 孟玲琴. 机械设计基础课程设计. 北京：北京理工大学出版社，2013。 5. 压力机使用说明书。 6. 压力机安全技术操作规程。 7. 机械设计技术要求。					
对学生的要求	1. 能对任务书进行分析，能正确理解和描述目标要求。 2. 具有独立思考、善于提问的学习习惯。 3. 具有查询资料和市场调研能力，具备严谨求实和开拓创新的学习态度。 4. 能执行企业“5S”质量管理体系要求，具备良好的职业意识和社会能力。 5. 具备一定的观察理解和判断分析能力。 6. 具有团队协作、爱岗敬业的精神。 7. 具有一定的创新思维和勇于创新的精神。 8. 按时、按要求上交作业，并列入考核成绩。					

3.1.2 资讯

1. 轴的设计与选用资讯单（表3-2）

表3-2 轴的设计与选用资讯单

学习领域	机械设计与应用		
学习情境3	轴系零部件的设计与选用	学时	24学时
任务1	轴的设计与选用	学时	12学时
资讯方式	学生根据教师给出的资讯引导进行查询解答		

资讯问题	1. 轴的类型和功用是什么？ 2. 轴的常用材料有哪些？ 3. 轴的设计遵循怎样的设计步骤？ 4. 怎样估算轴的最小直径？ 5. 怎样进行轴的结构设计？ 6. 怎样进行轴的强度计算？ 7. 绘制轴的零件工作图时应标注哪些尺寸和公差？
资讯引导	1. 问题 1 可参考信息单信息资料第一部分内容和李敏主编的《机械设计与应用》第 166—167 页。 2. 问题 2 可参考信息单信息资料第二部分内容和李敏主编的《机械设计与应用》第 167—168 页。 3. 问题 3 可参考信息单信息资料第三部分内容和李敏主编的《机械设计与应用》第 179—180 页。 4. 问题 4 可参考信息单信息资料第三部分内容和李敏主编的《机械设计与应用》第 180—181 页。 5. 问题 5 可参考信息单信息资料第三部分内容和李敏主编的《机械设计与应用》第 180—183 页。 6. 问题 6 可参考信息单信息资料第三部分内容和李敏主编的《机械设计与应用》第 184 页。 7. 问题 7 可参考信息单信息资料第四部分内容和李敏主编的《机械设计与应用》第 187 页。

2. 轴的设计与选用信息单（表 3-3）

表 3-3　轴的设计与选用信息单

学习领域	机械设计与应用		
学习情境 3	轴系零部件的设计与选用	学时	24 学时
任务 1	轴的设计与选用	学时	12 学时
序号	信息资料		
一	减速器的拆装		

1. 减速器的拆装

通过单级圆柱齿轮减速器的拆装，掌握减速器整体结构和轴系结构，掌握联接件应用情况。单级圆柱齿轮减速器结构如图 3-3 所示。

（1）拆卸

1）拆卸轴承盖螺钉（嵌入式端盖无螺钉）。

2）拆卸箱体与箱盖联接螺栓，起出定位销，然后拧动起盖螺钉（图中未亦出），卸下箱盖。

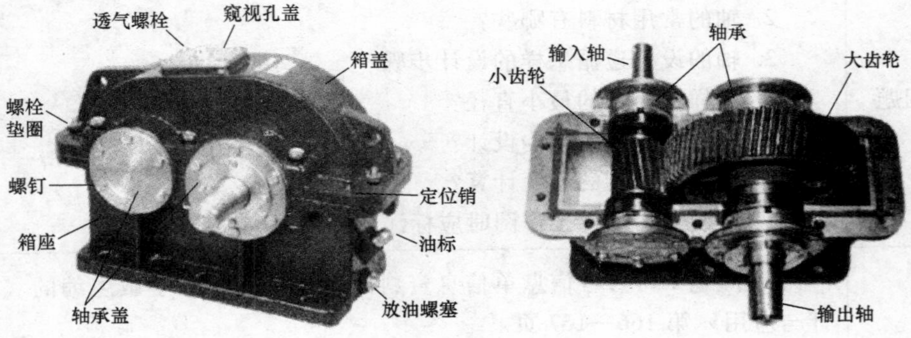

图 3-3　单级圆柱齿轮减速器结构

3）从箱体中取出各传动轴部件。

4）拆卸输入轴部件。

5）拆卸输出轴部件。

（2）装配

1）检查箱体内有无零件及其他杂物留在箱体内，然后擦净箱体内部。

2）装配输出轴部件，装配输入轴部件。

3）将各传动轴部件装入箱体内。

4）将嵌入式端盖装入轴承压槽内，并用调整垫圈调整好轴承的工作间隙。

5）将箱内各零件用棉纱擦净，并涂上机油防锈。再用手转动输入轴，观察有无零件干涉。无误后，经指导老师检查后合上箱盖。

6）松开起盖螺钉，装上定位销，并拧紧。装上螺栓、螺母，用手逐一拧紧后，再用扳手分多次均匀拧紧。

7）装好小轴承盖，观察所有附件是否都装好。用棉纱擦净减速器外部，放回原处，摆放整齐。

8）清点好工具，擦净后交还指导老师验收。

减速器箱盖如图 3-4 所示，箱体如图 3-5 所示，输出轴如图 3-6 所示，输入轴如图 3-7所示。

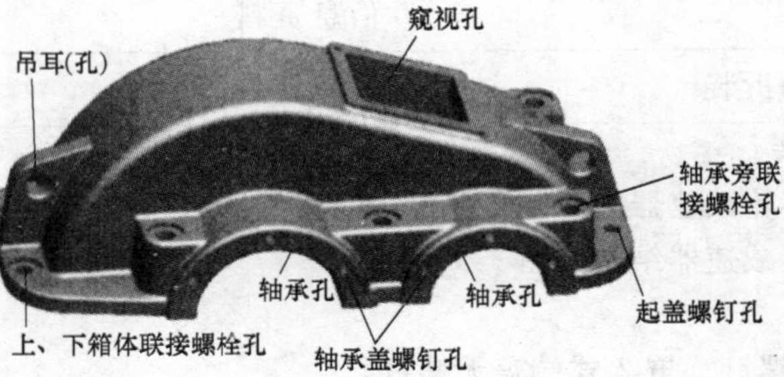

图 3-4　单级圆柱齿轮减速器箱盖

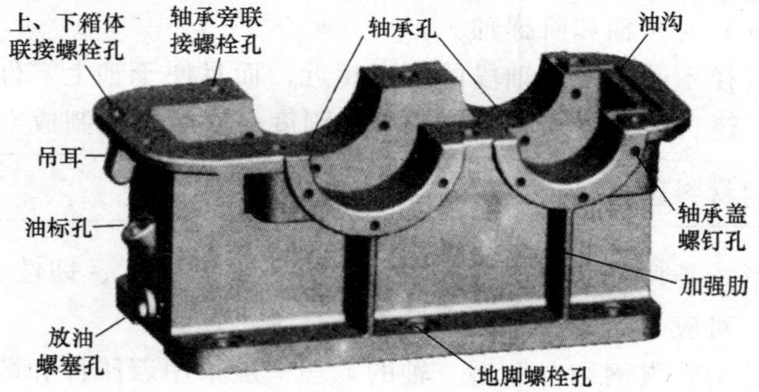

图 3-5　单级圆柱齿轮减速器箱体

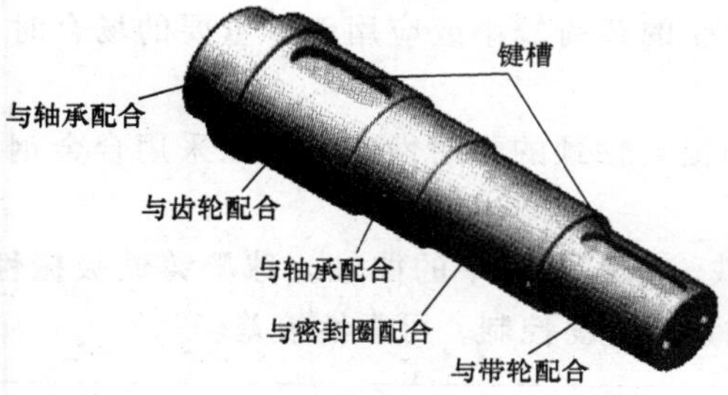

图 3-6　输出轴

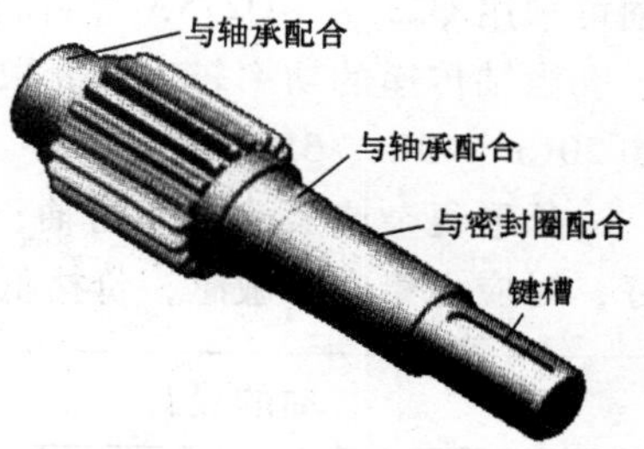

图 3-7　输入轴（齿轮轴）

2. 轴的功用

轴的主要功用是支承旋转零件并传递运动和转矩，是组成机器的重要零件之一。减速器中的轴系如图 3-8 所示，阶梯轴及轴上装配零件如图 3-9 所示。

图 3-8　减速器中的轴系

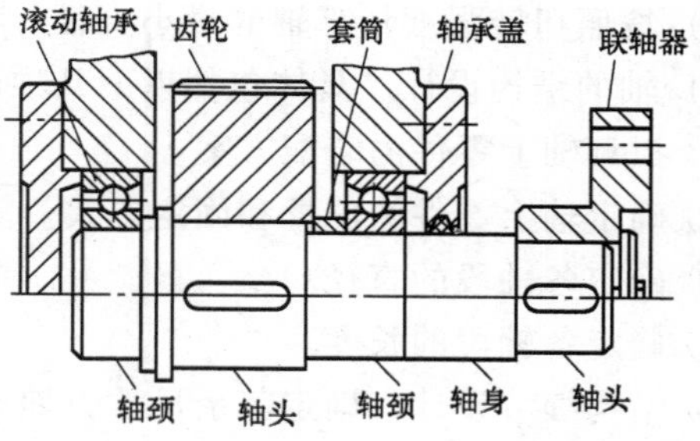

图 3-9　减速器中的阶梯轴及轴上装配零件

3. 轴的类型

根据轴的承载性质不同，轴可分为以下几种：

传动轴——主要用来传递转矩而不承受弯矩，或承受弯矩很小的轴。

心轴——只承受弯矩，不传递转矩的轴。

转轴——同时承受弯矩和传递转矩的轴。

根据轴线形状的不同，轴又可分为直轴、曲轴和挠性钢丝轴，其中直轴应用最广泛。

根据外形，直轴又可分为光轴和阶梯轴。

阶梯轴各轴段直径不同，使各轴段的强度相近，而且便于轴上零件的固定和装拆，在机器中的应用最为广泛，如图 3-6 所示。为提高刚度，有时将轴制成空心轴。

二　轴的材料选择

轴的主要失效形式是疲劳断裂。轴的材料应有足够的强度、韧性、耐磨性、耐蚀性，易于加工和热处理，对应力集中敏感性小及价格合理。

轴的材料主要采用碳素钢和合金钢。轴的毛坯一般采用碾压件和锻件。碳素钢的成本比合金钢低，且对应力集中的敏感性小，得到了广泛的应用。

常用的碳素钢有 30 钢、40 钢、45 钢等，其中最常用的是 45 钢。对轴的材料要进行调质或正火处理，以保证轴的力学性能。当轴承受的载荷较小或应用于不重要的场合时，轴可采用 Q235A、Q275A 等材料。

当轴传递的功率较大、要求减轻轴的重量和提高轴颈的耐磨性时，可以采用合金钢，如 20Cr、40Cr、35SiMn 等。

外形复杂或尺寸较大的轴，可选用球墨铸铁，如内燃机中的曲轴。球墨铸铁吸振性好，对应力集中不敏感，价格低，但铸造轴的质量不容易控制，可靠性较差。

三　轴的设计

1. 轴设计的基本要求

轴设计的基本要求是：①具有足够的承载能力，即具有足够的强度和刚度；②具有合理的结构尺寸，满足轴上零件的定位和固定及装拆要求，满足良好的工艺性要求。

2. 设计轴的一般步骤

1）选择轴的材料，确定许用应力。

2）按照扭转强度估算轴的最小直径。

3）轴的结构设计。具体包括以下几项内容：

① 拟订轴上零件的装配方案。

② 确定轴上零件的位置和固定方式。

③ 确定各轴段的直径。

④ 确定各轴段的长度。

⑤ 结构细节设计，确定其余尺寸，如键槽、倒角、圆角、退刀槽、砂轮越程槽等。

4）按照弯扭组合校核轴的强度。若危险截面强度不够或裕度太大时，必须重新修改轴的结构。

5）绘制轴的零件图。

3. 传动轴的设计

传动轴主要以传递转矩为主，工作时横截面上承受扭矩，如图 3-10 所示。

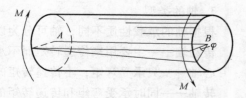

图 3-10　受力偶矩作用的圆轴

（1）传动轴的强度计算　圆轴扭转时，为了保证轴能正常工作，应限制轴上危险截面的最大

切应力不超过材料的许用切应力，即

$$\tau_{\max}=\frac{T}{W_{T}}\leqslant[\tau] \tag{3-1}$$

式中　$[\tau]$——材料的许用切应力（MPa），可在有关手册中查得；

T——轴所传递的转矩（N·mm）；

W_T——轴的抗扭截面系数（mm^3）。

应用式（3-1）可以求解传动轴强度校核、截面设计和确定许用载荷三方面实际应用问题。

（2）传动轴的刚度计算　机械中通常限制轴的扭转角 φ，使 φ 不超过许用值 $[\varphi]$，即

$$\varphi=\frac{TL}{GI_{p}} \tag{3-2}$$

式中　φ——扭转角（rad）；

G——轴材料的剪切模量（GPa）。

L——轴的长度（mm）。

I_p——轴截面的极惯性矩（mm^4）。

4. 心轴的设计

轴弯曲变形时，产生最大应力的截面为危险截面。轴的弯曲强度条件是：最大弯曲正应力不超过材料的许用应力，即

$$\sigma_{\max}=\frac{M}{W_{z}}\leqslant[\sigma] \tag{3-3}$$

式中　M——危险截面上的弯矩（N·m）；

W_z——危险截面的抗弯截面模量（mm^3）；

$[\sigma]$——轴材料的许用应力（MPa）。

5. 转轴的设计

减速器中的轴为转轴。转轴为同时承受扭矩和弯矩的轴，一般为阶梯轴，设计时先进行结构设计，再进行强度校核。

（1）轴的最小直径的估算　在进行轴的结构设计前，按照扭转情况对轴的最小直径进行估算，然后进行结构设计，对轴进行受力分析及强度、刚度等校核。

轴的最小直径估算公式为

$$d\geqslant C\sqrt[3]{\frac{P}{n}} \tag{3-4}$$

式中　P——轴所传递的功率（kW）；

n——轴的转速（r/min）；

C——由轴的材料和载荷情况确定的常数。

（2）转轴的结构设计

1）轴上零件的装配方案。从左端装配的零件为小齿轮 4、套筒 3、轴承 2 和轴承盖 1，从右端装配的零件轴承盖 5、大带轮 6 和轴端挡圈 7，如图 3-11 所示。

2）轴上零件的周向固定。常用的周向固定方法有键联接、花键联接、销联接和过盈配合等。

3）轴上零件的轴向定位。常用的轴向固定方法有轴肩与轴环、套筒、圆螺母和止动垫圈、轴端挡圈等。

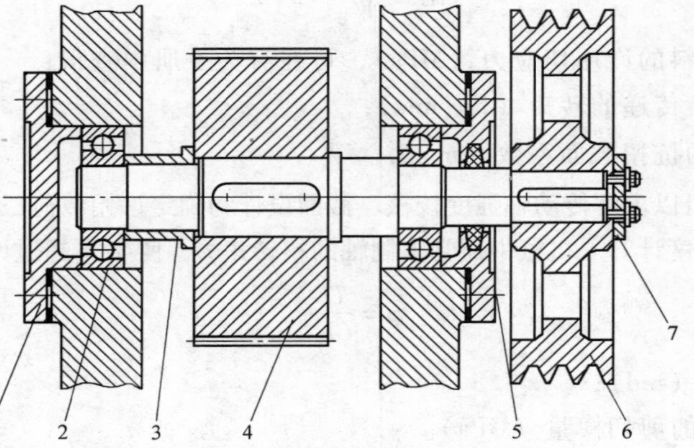

图 3-11　轴上零件装配方案

1—轴承盖（闷盖）　2—轴承　3—套筒　4—小齿轮
5—轴承盖（透盖）　6—大带轮　7—轴端挡圈

（3）转轴的强度计算

$$\sigma_e=\sqrt{\left(\frac{M}{W_z}\right)^2+4\left(\frac{T}{W_T}\right)^2}=\sqrt{\left(\frac{M}{W_z}\right)^2+4\left(\frac{T}{2W_z}\right)^2}=\frac{\sqrt{M^2+(\alpha T)^2}}{W_z}\leqslant[\sigma_{-1b}] \tag{3-5}$$

式中　σ_e——当量应力（MPa）；

M——危险截面上的弯矩（N·m）；

T——危险截面上的扭矩（N·m）；

W_z——危险截面的抗弯截面系数（N·mm）；

W_T——危险截面的抗扭截面系数（N·mm）；

α——考虑扭矩和弯矩应力循环特性不同时的折算系数；

$[\sigma_{-1b}]$——许用疲劳强度（MPa）。

6. 轴的结构工艺性

1）轴上阶梯数尽可能少，以减少应力集中。轴上各段的键槽、圆角半径、倒角、中心孔等尺寸尽可能统一，以利于加工和检验。

2）轴上需要磨削的轴段应设计出砂轮越程槽，需要车制螺纹的轴段应留有螺纹退刀槽。

3）轴上有多处键槽时，应使各键槽位于轴的同一母线上，以便于加工和装配。

4）为便于零件的装配，轴端应有倒角。轴的两端采用标准中心孔作为加工和测量基准。

四	轴的零件工作图

轴的零件工作图如图 3-12 所示。

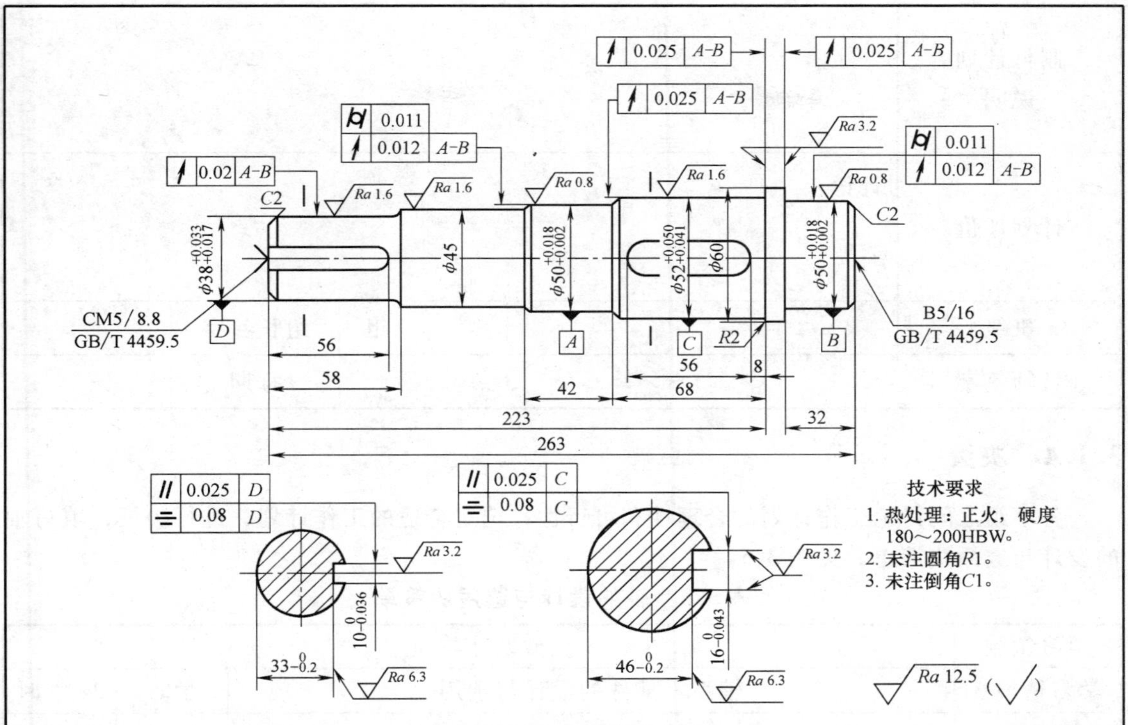

图 3-12　轴的零件工作图

3.1.3　计划

根据任务内容制订小组任务计划，简要说明任务实施过程的步骤及注意事项，将计划内容等填入轴的设计与选用计划单，见表 3-4。

表 3-4　轴的设计与选用计划单

学习领域	机械设计与应用		
学习情境 3	轴系零部件的设计与选用	学时	24 学时
任务 1	轴的设计与选用	学时	12 学时
计划方式	由小组讨论制订完成本小组实施计划		
序号	实施步骤	使用资源	

制订计划说明				
计划评价	评语：			
班级		第　　组	组长签字	
教师签字			日期	

3.1.4 决策

各小组之间讨论工作计划的合理性和可行性，选定合适的工作计划，进行决策，填写轴的设计与选用决策单，见表3-5。

表3-5 轴的设计与选用决策单

学习领域	机械设计与应用					
学习情境3	轴系零部件的设计与选用				学时	24学时
任务1	轴的设计与选用				学时	12学时
方案讨论					组号	
方案决策	组别	步骤顺序性	步骤合理性	实施可操作性	选用工具合理性	原因说明
	1					
	2					
	3					
	4					
	5					
	1					
	2					
	3					
	4					
	5					
	1					
	2					
	3					
	4					
	5					

方案评价	评语：（根据组内的决策，对照计划进行修改并说明修改原因）					
班级		组长签字		教师签字		月　　日

3.1.5　实施

1. 实施准备

任务实施准备主要有场地准备、教学仪器（工具）准备、资料准备，见表3-6。

表3-6　轴的设计与选用实施准备

场地准备	教学仪器（工具）准备	资料准备
机械设计实训室	减速器、扳手、锤子、螺钉旋具、游标卡尺、绘图工具、计算器	1. 李敏．机械设计与应用．北京：机械工业出版社，2010。 2. 封立耀．机械设计基础实例教程．北京：北京航空航天大学出版社，2007。 3. 胡家秀．简明机械零件设计实用手册（第2版）．北京：机械工业出版社，2012。 4. 压力机使用说明书。 5. 压力机安全技术操作规程。 6. 机械设计技术要求。

2. 实施任务

依据计划步骤实施任务，并完成作业单的填写。轴的设计与选用作业单见表3-7。

表3-7　轴的设计与选用作业单

学习领域	机械设计与应用		
学习情境3	轴系零部件的设计与选用	学时	24学时
任务1	轴的设计与选用	学时	12学时
作业方式	小组分析，个人解答，现场批阅，集体评判		
1	分析压力机中轴的类型，说明轴的设计的基本要求和设计步骤。		

作业解答：

2	设计压力机所用的减速器输出轴（低速轴）。工作参数：减速器输出轴功率为 6.18kW，转速 $n=58\text{r/min}$。大齿轮轴端离合器轮毂宽为 50mm，输入轴上斜齿轮的参数和尺寸与学习情境 2 任务 3 的设计数据相同。

作业解答：

作业评价：

班级		组别		组长签字	
学号		姓名		教师签字	
教师评分		日期			

3.1.6 检查评价

学生完成本学习任务后，应展示的结果有完成的计划单、决策单、作业单、检查单、评价单。

1. 轴的设计与选用检查单（表3-8）

表3-8 轴的设计与选用检查单

<table>
<tr><td>学习领域</td><td colspan="6">机械设计与应用</td></tr>
<tr><td>学习情境3</td><td colspan="4">轴系零部件的设计与选用</td><td>学时</td><td>24学时</td></tr>
<tr><td>任务1</td><td colspan="4">轴的设计与选用</td><td>学时</td><td>12学时</td></tr>
<tr><td>序号</td><td colspan="2">检查项目</td><td colspan="2">检查标准</td><td>学生自查</td><td>教师检查</td></tr>
<tr><td>1</td><td colspan="2">任务书阅读与分析能力，正确理解及描述目标要求</td><td colspan="2">准确理解任务要求</td><td></td><td></td></tr>
<tr><td>2</td><td colspan="2">与同组同学协商，确定人员分工</td><td colspan="2">较强的团队协作能力</td><td></td><td></td></tr>
<tr><td>3</td><td colspan="2">资料的分析、归纳能力</td><td colspan="2">较强的资料检索能力和分析、归纳能力</td><td></td><td></td></tr>
<tr><td>4</td><td colspan="2">轴的材料选择能力</td><td colspan="2">会正确选择轴的材料</td><td></td><td></td></tr>
<tr><td>5</td><td colspan="2">轴的结构设计和强度校核能力</td><td colspan="2">会设计轴的结构，具有较强的零部件设计计算能力</td><td></td><td></td></tr>
<tr><td>6</td><td colspan="2">测量、拆装工具应用能力</td><td colspan="2">工具使用规范，测量和拆装方法正确</td><td></td><td></td></tr>
<tr><td>7</td><td colspan="2">安全生产与环保</td><td colspan="2">符合“5S”要求</td><td></td><td></td></tr>
<tr><td>检查评价</td><td colspan="6">评语：</td></tr>
<tr><td>班级</td><td></td><td>组别</td><td></td><td>组长签字</td><td colspan="2"></td></tr>
<tr><td>教师签字</td><td colspan="4"></td><td>日期</td><td></td></tr>
</table>

2. 轴的设计与选用评价单（表 3-9）

表 3-9 轴的设计与选用评价单

学习领域	机械设计与应用				
学习情境 3	轴系零部件的设计与选用			学时	24 学时
任务 1	轴的设计与选用			学时	12 学时
评价类别	评价项目	子项目	个人评价	组内互评	教师评价
专业能力（60%）	资讯（8%）	搜集信息（4%）			
		引导问题回答（4%）			
	计划（5%）	计划可执行度（5%）			
	实施（12%）	工作步骤执行（3%）			
		功能实现（3%）			
		质量管理（2%）			
		安全保护（2%）			
		环境保护（2%）			
	检查（10%）	全面性、准确性（5%）			
		异常情况排除（5%）			
	过程（15%）	使用工具规范性（7%）			
		操作（分析设计）过程规范性（8%）			
	结果（5%）	结果质量（5%）			
	作业（5%）	作业质量（5%）			
社会能力（20%）	团结协作（10%）	对小组的贡献（5%）			
		小组合作配合状况（5%）			
	敬业精神（10%）	吃苦耐劳精神（5%）			
		学习纪律性（5%）			
方法能力（20%）	计划能力（10%）				
	决策能力（10%）				
评价评语	评语：				
班级		组别	学号	总评	
教师签字		组长签字		日期	

3.1.7 实践中常见问题解析

1. 轴的结构设计涉及轴上安装的零件，在设计时要综合考虑零件的标准和安装空间要求。

2. 因为轴在机器中不是孤立存在的，所以轴的结构设计还要结合轴承的润滑方式（如采用挡油环的方式）来完成。

3. 轴的结构设计不要拘泥于固定的模式和尺寸，应从工作实际角度考虑。因为轴的设计是比较重要的设计，能激发学生的创新思维，所以本设计任务可聘用有设计经验的企业技术人员和具有丰富实践经验的高级技师作为学生的辅导教师。

任务 3.2 滚动轴承的设计与选用

3.2.1 任务描述

滚动轴承的设计与选用任务单见表 3-10。

表 3-10 滚动轴承的设计与选用任务单

学习领域	机械设计与应用		
学习情境 3	轴系零部件的设计与选用	学时	24 学时
任务 2	滚动轴承的设计与选用	学时	8 学时
布置任务			
学习目标	1. 能够分析滚动轴承的类型、特性和应用。 2. 能够分析滚动轴承代号的含义。 3. 能够正确选择滚动轴承的类型，进行滚动轴承的寿命计算。 4. 能够分析已有轴承组合结构，具有维护和保养轴承的能力。		
任务描述	选择减速器输出轴的滚动轴承（见图 3-2）。工作参数：减速器输出轴（低速轴）功率为 6.18kW，输出轴转速 $n=58\mathrm{r/min}$。		
任务分析	滚动轴承在压力机减速器中作为轴的支承，具有较高的回转精度。滚动轴承是轴承的一种类型，由于其摩擦阻力小，载荷、转速及工作温度的适用范围广，得到了广泛应用。具体任务如下： 1. 分析滚动轴承的类型、特性和应用。 2. 分析滚动轴承代号的含义。 3. 进行滚动轴承的类型选择和尺寸（型号）选择。 4. 进行滚动轴承的组合设计。		

<table>
<tr><td>学时安排</td><td>资讯
4 学时</td><td>计划
0.5 学时</td><td>决策
0.5 学时</td><td>实施
2 学时</td><td>检查
0.5 学时</td><td>评价
0.5 学时</td></tr>
<tr><td>提供资料</td><td colspan="6">1. 胡家秀. 简明机械零件设计实用手册（第 2 版）. 北京：机械工业出版社，2012。
2. 李敏. 机械设计与应用. 北京：机械工业出版社，2010。
3. 封立耀. 机械设计基础实例教程. 北京：北京航空航天大学出版社，2007。
4. 孟玲琴. 机械设计基础课程设计. 北京：北京理工大学出版社，2013。
5. 压力机使用说明书。
6. 压力机安全技术操作规程。
7. 机械设计技术要求。</td></tr>
<tr><td>对学生的要求</td><td colspan="6">1. 能对任务书进行分析，能正确理解和描述目标要求。
2. 具有独立思考、善于提问的学习习惯。
3. 具有查询资料和市场调研能力，具备严谨求实和开拓创新的学习态度。
4. 能执行企业“5S”质量管理体系要求，具备良好的职业意识和社会能力。
5. 具备一定的观察理解和判断分析能力。
6. 具有团队协作、爱岗敬业的精神。
7. 具有一定的创新思维和勇于创新的精神。
8. 按时、按要求上交作业，并列入考核成绩。</td></tr>
</table>

3.2.2 资讯

1. 滚动轴承的设计与选用资讯单（表 3-11）

表 3-11 滚动轴承的设计与选用资讯单

<table>
<tr><td>学习领域</td><td colspan="3">机械设计与应用</td></tr>
<tr><td>学习情境 3</td><td>轴系零部件的设计与选用</td><td>学时</td><td>24 学时</td></tr>
<tr><td>任务 2</td><td>滚动轴承的设计与选用</td><td>学时</td><td>8 学时</td></tr>
<tr><td>资讯方式</td><td colspan="3">学生根据教师给出的资讯引导进行查询解答</td></tr>
<tr><td>资讯问题</td><td colspan="3">1. 轴承的类型有哪些？在实际中各有哪些应用？
2. 滚动轴承的类型有哪些？
3. 滚动轴承的代号如何表示？
4. 怎样计算滚动轴承寿命？
5. 滚动轴承的组合设计应注意什么问题？
6. 怎样选择轴承的润滑和密封？</td></tr>
</table>

资讯引导	1. 问题 1 可参考信息单信息资料第一部分和李敏主编的《机械设计与应用》第 195—196 页。 2. 问题 2 可参考信息单信息资料第二部分和李敏主编的《机械设计与应用》第 196—200 页。 3. 问题 3 可参考信息单信息资料第二部分和李敏主编的《机械设计与应用》第 199—200 页。 4. 问题 4 可参考信息单信息资料第三部分和李敏主编的《机械设计与应用》第 199—205 页。 5. 问题 5 可参考信息单信息资料第四部分和李敏主编的《机械设计与应用》第 206—210 页。 6. 问题 6 可参考信息单信息资料第五部分和李敏主编的《机械设计与应用》第 210—213 页。

2. 滚动轴承的设计与选用信息单（3-12）

表 3-12　滚动轴承的设计与选用信息单

学习领域	机械设计与应用		
学习情境 3	轴系零部件的设计与选用	学时	24 学时
任务 2	滚动轴承的设计与选用	学时	8 学时
序号	信息资料		
一	滚动轴承的认知		

轴承是支承轴和轴上零件的部件。按照支承处相对运动表面的摩擦性质不同，轴承可分为滑动轴承和滚动轴承；按照轴承所承受的载荷不同，轴承可分为承受径向载荷的向心轴承和承受轴向载荷的推力轴承。

滚动轴承的摩擦阻力小，载荷、转速及工作温度的适用范围广，且为标准件，有专门厂家大批量生产，质量可靠，供应充足，润滑、维修方便，但径向尺寸较大，有振动和噪声。由于滚动轴承的机械效率较高，对轴承的维护要求较低，因此在中、低转速以及精度要求较高的场合得到广泛应用。

滑动轴承具有承载能力强、工作平稳、噪声低、抗冲击、回转精度高、高速性能好等优点，但也有起动摩擦阻力大、维护较复杂等缺点，用于某些特殊场合，如轴的转速很高、旋转精度要求特别高、承受很大的冲击和振动载荷、必须采用剖分结构及特殊工作条件下的场合。

滚动轴承由外圈、内圈、滚动体和保持架等组成，如图 3-13 所示。

滚动体的形状有球形、短圆柱形、圆锥形、鼓形、空心螺旋形、长圆柱形、滚针形等，如图 3-14 所示。

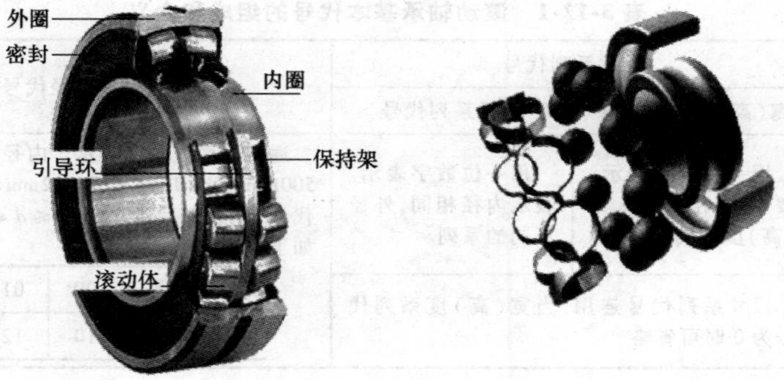

图 3-13　滚动轴承的结构

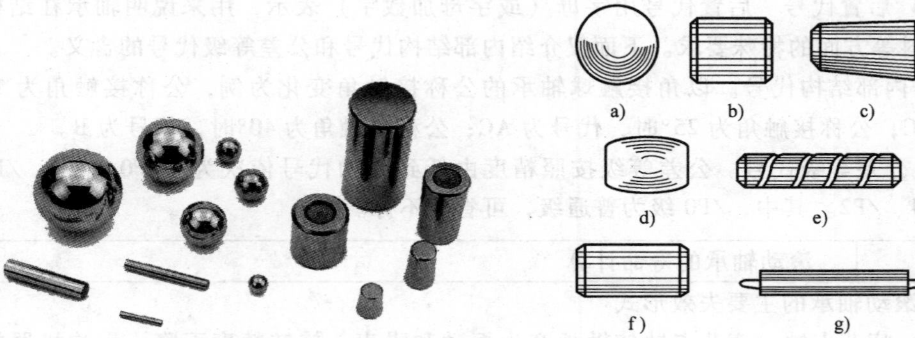

图 3-14　滚动体形状

a）球形　b）短圆柱形　c）圆锥形　d）鼓形　e）空心螺旋形　f）长圆柱形　g）滚针形

二　滚动轴承的类型选择

1. 滚动轴承的主要类型及选择

（1）类型　按照滚动轴承所承受的载荷方向不同，可将滚动轴承分为向心轴承和推力轴承。按滚动体形状的不同，又可将滚动轴承分为球轴承和滚子轴承。此外，滚动轴承按照游隙能否调整还可分为：可调游隙轴承，如角接触球轴承、圆锥滚子轴承；不可调游隙轴承，如深沟球轴承、圆柱滚子轴承。

（2）类型选择　滚动轴承是标准件，类型很多，选用时主要根据载荷的大小、方向和性质，以及转速的高低和使用要求来选择，同时也必须考虑价格及经济性。

2. 滚动轴承的代号

滚动轴承代号是表示其结构、尺寸、公差等级和技术性能等特征的产品符号，由字母和数字组成。按照 GB/T 272—1993 的规定，轴承代号由基本代号、前置代号和后置代号构成。代号一般印刻在轴承外圈端面上，其排列顺序如下：

前置代号　　基本代号　　后置代号

（1）基本代号　滚动轴承基本代号的组成和含义见表 3-12-1。

表 3-12-1　滚动轴承基本代号的组成和含义

<table>
<tr><td rowspan="2">类型代号</td><td colspan="2">尺寸系列代号</td><td rowspan="2">内径代号</td></tr>
<tr><td>宽(高)度系列代号</td><td>直径系列代号</td></tr>
<tr><td rowspan="2">用一位数字或一至两个字母表示</td><td>用一位数字表示。表示内径相同,宽(高)度不同的系列</td><td>用一位数字表示。表示内径相同,外径不同的系列</td><td rowspan="2">通常用两位数字表示。内径 d = 代号 ×5mm,d > 500mm、d < 10mm 及 d = 22mm、28mm、32mm 的内径代号查技术手册,10mm ≤ d ≤ 20mm 的内径代号如下:<table><tr><td>内径代号</td><td>00</td><td>01</td><td>02</td><td>03</td></tr><tr><td>内径/mm</td><td>10</td><td>12</td><td>15</td><td>17</td></tr></table></td></tr>
<tr><td colspan="2">尺寸系列代号连用,当宽(高)度系列代号为0时可省略</td></tr>
</table>

(2) 前置代号　前置代号用字母表示，是用来说明成套轴承部件特点的补充代号，可参阅 GB/T 272—1993。

(3) 后置代号　后置代号用字母（或字母加数字）表示，用来说明轴承在结构、公差和材料等方面的特殊要求。下面仅介绍内部结构代号和公差等级代号的含义。

1）内部结构代号。以角接触球轴承的公称接触角变化为例，公称接触角为 15°时，代号为 C；公称接触角为 25°时，代号为 AC；公称接触角为 40°时，代号为 B。

2）公差等级代号。公差等级按照精度由低到高的代号依次为：/P0、/P6、/P6x、/P5、/P4、/P2。其中，/P0 级为普通级，可省略不标。

三　滚动轴承的寿命计算

1. 滚动轴承的主要失效形式

(1) 疲劳点蚀　疲劳点蚀使轴承产生振动和噪声，旋转精度下降，影响机器的正常工作，是一般滚动轴承的主要失效形式。

(2) 塑性变形　当轴承转速很低（$n \leqslant 10$r/min）或间歇摆动时，一般不会发生疲劳点蚀，此时轴承往往因受过大的静载荷或冲击载荷而产生塑性变形，从而失效。

(3) 磨损　润滑不良、杂质和灰尘的侵入都会引起磨损，使轴承丧失旋转精度而失效。

2. 滚动轴承的设计准则

1）一般运转的轴承，为防止疲劳点蚀发生，以疲劳强度计算为依据，称为轴承的寿命计算。

2）对于不回转、转速很低（$n \leqslant 10$r/min）或间歇摆动的轴承，为防止塑性变形，以静强度计算为依据，称为轴承的静强度计算。

3. 滚动轴承的寿命计算

(1) 寿命计算中的基本概念

1）寿命。轴承的任一滚动体或内、外圈滚道上出现疲劳点蚀以前所经历的总转数，或在一定转速下所经历的小时数，称为轴承寿命。

2）基本额定寿命。一批类型、尺寸相同的轴承，由于材料、加工精度、热处理和装配质量等工艺过程差异的影响，在完全相同的条件下工作，各个轴承的寿命也不尽相同。基本额定寿命是指一批相同的轴承，在一定的工作条件下，90% 的轴承未发生疲劳点蚀以前运转的总转数或在一定转速下总的工作小时数，用 L（10^6）或 L_h（h）表示。

3）额定动载荷。基本额定寿命为10^6转时轴承所能承受的载荷，称为额定动载荷，用C表示。轴承在额定动载荷作用下，不发生疲劳点蚀的可靠度是90%。各种类型和不同尺寸轴承的C值可查设计手册。

4）额定静载荷。轴承工作时，受载最大的滚动体与内、外圈滚道接触处的接触应力达到一定值（向心和推力球轴承为4200MPa，滚子轴承为4000MPa）时的静载荷，称为额定静载荷，用C_0表示，其值可查设计手册。

5）当量载荷。额定动、静载荷是向心轴承只承受径向载荷、推力轴承只承受轴向载荷的条件下，根据试验确定的。实际上，轴承承受的载荷往往与上述条件不同，因此，必须将实际载荷等效为一假想载荷，这个假想载荷称为当量动、静载荷，用P表示。

（2）滚动轴承的基本额定寿命L_h（单位：h）的计算式

$$L_h = \frac{10^6}{60n}\left(\frac{f_T C}{P}\right)^{\varepsilon} \tag{3-6}$$

式中　ε——轴承的寿命指数，球轴承$\varepsilon=3$，滚子轴承$\varepsilon=10/3$；

C——基本额定动载荷（kN），C值可从技术手册中查得；

f_T——温度系数；

P——当量动载荷（kN）；

n——轴承转速（r/min）。

（3）轴承的基本额定动载荷的计算　如果轴承当量动载荷P和转速n已知，预期寿命L_h'也已确定，则轴承的基本额定动载荷的计算值为

$$C' = \sqrt[\varepsilon]{\frac{60nL'_h}{10^6}}\,\frac{P}{f_T} \tag{3-7}$$

选择轴承型号时，应使待选轴承的C大于或等于C'。

应用式（3-6）可以进行轴承的寿命校核，应用式（3-7）可以进行轴承型号的选择。

4. 当量动载荷的计算

滚动轴承的基本额定动载荷是在一定条件下确定的。对于向心轴承是指径向载荷，对于推力轴承是指轴向载荷。当量动载荷的计算公式为

$$P = K_P(XF_r + YF_a) \tag{3-8}$$

式中　K_P——载荷系数；

F_r——轴承所承受的径向载荷（N）；

F_a——轴承所承受的轴向载荷（N）；

X、Y——径向载荷系数、轴向载荷系数。

5. 向心角接触轴承轴向载荷的计算

（1）向心角接触轴承的内部轴向力　由于向心角接触轴承有接触角，故轴承在受到径向载荷作用时，承载区内滚动体的法向力分解，产生一个轴向分力S。内部轴向力的方向沿轴向，由轴承外圈的宽边指向窄边。

（2）向心角接触轴承的实际轴向载荷　计算两支点实际轴向载荷的步骤如下：

1）先计算出两支点内部轴向力 S_1、S_2 的大小，并绘出其方向。

2）将外加轴向载荷 F_x 及与之同向的内部轴向力之和与另一内部轴向力进行比较，以判定轴承的压紧端与放松端。

3）放松端轴承的轴向载荷等于它本身的内部轴向力。

4）压紧端轴承的轴向载荷等于除了它本身的内部轴向力以外的所有轴向力的代数和。

四	滚动轴承的组合设计

为保证滚动轴承的正常工作，除应合理选择轴承的类型和尺寸外，还要综合考虑轴承的固定、装拆、配合、调整、润滑与密封等问题。

1. 滚动轴承内、外圈的轴向固定

为了防止轴承在承受轴向载荷时，相对于轴或座孔产生轴向移动，轴承内圈与轴、外圈与座孔必须进行轴向固定。

2. 轴系的轴向固定

轴系固定的目的是防止轴工作时发生轴向窜动，保证轴上零件有确定的工作位置。常用的固定方式有两端单向固定、一端固定、一端游动支承、两端游动支承。

3. 轴承组合结构的调整

滚动轴承组合结构的调整包括轴承间隙的调整、轴承的预紧和轴系轴向位置的调整。

（1）轴承间隙的调整　轴承间隙的大小将影响轴承的旋转精度、轴承寿命和传动零件工作的平稳性。

（2）轴承的预紧　轴承预紧的目的是为了提高轴承的精度和刚度，以满足机器的要求。

（3）轴系轴向位置的调整　对于某些要求轴上零件具有准确工作位置的场合，必须对轴系的位置进行调整，如锥齿轮传动要求两轮的节锥顶点相重合。

4. 滚动轴承的拆装

拆卸和安装轴承的力应直接加在紧配合的套圈端面，不能通过滚动体传递。

（1）拆卸　拆卸轴承前，应先擦净油污。轴承的拆卸需要用拆卸器进行，如图 3-15 所示。

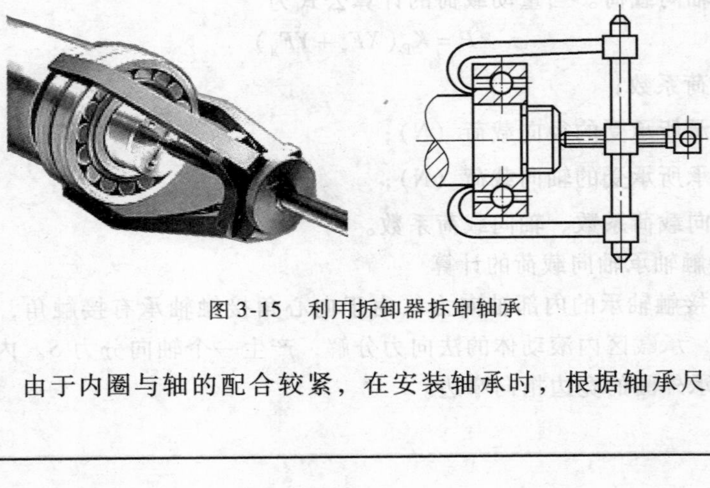

图 3-15　利用拆卸器拆卸轴承

（2）安装　由于内圈与轴的配合较紧，在安装轴承时，根据轴承尺寸采取相应的安装措施。

1）对尺寸较大的轴承，可在压力机上压入（图 3-16a）或把轴承放在油里加热至 80～100℃，使内孔胀大，然后取出套装在轴颈上。

2）对中、小型轴承，可在内圈端面加垫后，用锤子轻轻打入，如图 3-16b 所示。

5. 支承部位的刚度和同轴度

为保证支承部分的刚度，轴承座孔壁应有足够的厚度，并设置加强肋以增强刚度。为保证支承部分的同轴度，同一轴上两端的轴承座孔必须保持同心。

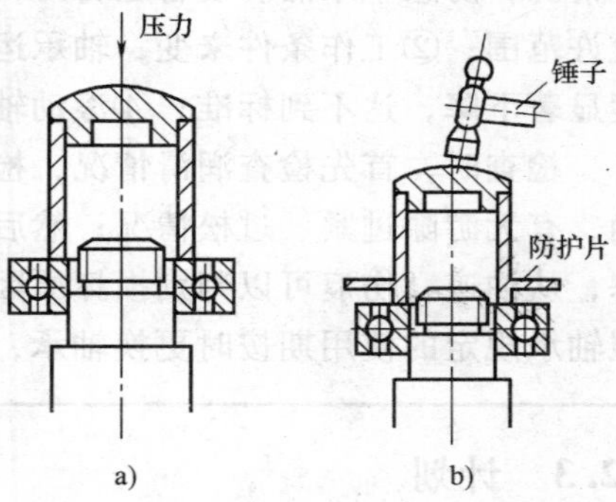

图 3-16 轴承装配

a）压力机压入 b）锤子打入

6. 角接触球轴承和圆锥滚子轴承的排列方式

1）角接触球轴承和圆锥滚子轴承一般成对使用，根据调整、安装以及使用场合的不同，有正装（外圈窄端面相对）和反装（外圈宽端面相对）两种排列方式。

2）正、反装的刚度分析。当传动零件悬臂安装时，反装的轴系刚度比正装的轴系高，这是因为反装的轴承压力中心距离较大，使轴承的反力、变形及轴的最大弯矩和变形均小于正装。

当传动零件介于两轴承中间时，正装使轴承压力中心距离减小而有助于提高轴的刚度，反装则相反。角接触轴承的两种安装方法及轴向载荷分析如图 3-17 所示。

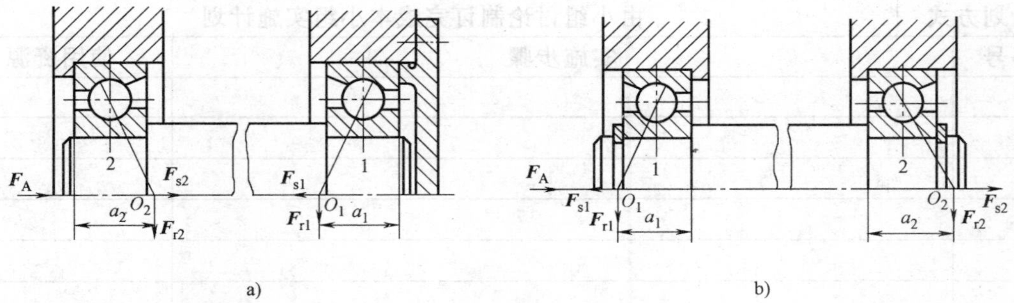

图 3-17 角接触轴承的两种安装方法及轴向载荷分析

a）正装 b）反装

五	滚动轴承的润滑、密封及维护

1. 滚动轴承的润滑

轴承润滑的主要目的是减小摩擦与磨损、缓蚀、吸振和散热。一般采用脂润滑或者油润滑。多数滚动轴承采用脂润滑，轴承内径与转速的乘积 dn 值可作为选择润滑方式的依据。

2. 滚动轴承的密封

密封的目的是为了防止外部的灰尘、水分及其他杂物进入轴承，并阻止轴承内润滑剂的流失。密封分接触式密封和非接触式密封。

3. 轴承的维护

轴承的维护工作，除保证良好的润滑、完善的密封外，还要注意观察和检查轴承的工作情况，防患于未然。设备运行时，若出现①工作条件未变，轴承突然温度升高，且超过允许范围；②工作条件未变，轴承运转不灵活，有沉重感，转速严重滞后；③设备工作精度显著下降，达不到标准；④滚动轴承产生噪声或振动等异常状态，应停机检查。

检查时，首先检查润滑情况，检查供油是否正常，油路是否畅通；再检查装配是否正确，有无游隙过紧、过松情况；然后检查零件有无损坏，尤其要仔细察看轴与轴承表面状态，从油迹、伤痕可以判别损坏原因。针对故障原因，提出办法，加以解决。为此，应按照轴承规定的使用期按时更换轴承，发生损坏时更应及时更换轴承。

3.2.3 计划

根据任务内容制订小组任务计划，简要说明任务实施过程的步骤及注意事项，将计划内容等填入。滚动轴承的设计与选用计划单，见表 3-13。

表 3-13 滚动轴承的设计与选用计划单

<table>
<tr><td>学习领域</td><td colspan="4">机械设计与应用</td></tr>
<tr><td>学习情境 3</td><td colspan="2">轴系零部件的设计与选用</td><td>学时</td><td>24 学时</td></tr>
<tr><td>任务 2</td><td colspan="2">滚动轴承的设计与选用</td><td>学时</td><td>8 学时</td></tr>
<tr><td>计划方式</td><td colspan="4">由小组讨论制订完成本小组实施计划</td></tr>
<tr><td>序号</td><td colspan="2">实施步骤</td><td colspan="2">使用资源</td></tr>
<tr><td></td><td colspan="2"></td><td colspan="2"></td></tr>
<tr><td></td><td colspan="2"></td><td colspan="2"></td></tr>
<tr><td></td><td colspan="2"></td><td colspan="2"></td></tr>
<tr><td></td><td colspan="2"></td><td colspan="2"></td></tr>
<tr><td></td><td colspan="2"></td><td colspan="2"></td></tr>
<tr><td></td><td colspan="2"></td><td colspan="2"></td></tr>
<tr><td></td><td colspan="2"></td><td colspan="2"></td></tr>
<tr><td>制订计划说明</td><td colspan="4"></td></tr>
<tr><td>计划评价</td><td colspan="4">评语：</td></tr>
<tr><td>班级</td><td></td><td>第　　组</td><td>组长签字</td><td></td></tr>
<tr><td>教师签字</td><td colspan="2"></td><td>日期</td><td></td></tr>
</table>

3.2.4 决策

各小组之间讨论工作计划的合理性和可行性，选定合适的工作计划，进行决策，填写滚动轴承的设计与选用决策单，见表3-14。

表3-14 滚动轴承的设计与选用决策单

学习领域	机械设计与应用						
学习情境3	轴系零部件的设计与选用					学时	24学时
任务2	滚动轴承的设计与选用					学时	8学时
方案讨论						组号	
方案决策	组别	步骤顺序性	步骤合理性	实施可操作性	选用工具合理性	原因说明	
	1						
	2						
	3						
	4						
	5						
	1						
	2						
	3						
	4						
	5						
	1						
	2						
	3						
	4						
	5						
方案评价	评语：（根据组内的决策，对照计划进行修改并说明修改原因）						
班级		组长签字		教师签字		月 日	

3.2.5 实施

1. 实施准备

任务实施准备主要有场地准备、教学仪器（工具）准备、资料准备，见表3-15。

表3-15 滚动轴承的设计与选用实施准备

场地准备	教学仪器（工具）准备	资料准备
机械设计实训室	减速器、轴承拆卸器、套筒、小锤子、铜棒、计算器	1. 李敏. 机械设计与应用. 北京：机械工业出版社，2010。 2. 封立耀. 机械设计基础实例教程. 北京：北京航空航天大学出版社，2007。 3. 胡家秀. 简明机械零件设计实用手册（第2版）. 北京：机械工业出版社，2012。 4. 压力机使用说明书。 5. 压力机安全技术操作规程。 6. 机械设计技术要求。

2. 实施任务

依据计划步骤实施任务，并完成作业单的填写。滚动轴承的设计与选用作业单见表3-16。

表3-16 滚动轴承的设计与选用作业单

学习领域	机械设计与应用		
学习情境3	轴系零部件的设计与选用	学时	24学时
任务2	滚动轴承的设计与选用	学时	8学时
作用方式	小组分析，个人解答，现场批阅，集体评判		
1	对压力机减速器各轴承的类型进行分析、指出滚动轴承组合设计时主要应注意的问题。		
作业解答：			

2	选择减速器输出轴的滚动轴承。工作参数：减速器输出轴（低速轴）功率为6.18kW，输出轴转速 $n=58\text{r/min}$。

作业解答：

作业评价：

班级		组别		组长签字	
学号		姓名		教师签字	
教师评分		日期			

3.2.6 检查评价

学生完成本学习任务后，应展示的结果有完成的计划单、决策单、作业单、检查单、评价单。

1. 滚动轴承的设计与选用检查单（表 3-17）

表 3-17 滚动轴承的设计与选用检查单

<table>
<tr><td colspan="2">学习领域</td><td colspan="4">机械设计与应用</td></tr>
<tr><td colspan="2">学习情境 3</td><td colspan="2">轴系零部件的设计与选用</td><td>学时</td><td>24 学时</td></tr>
<tr><td colspan="2">任务 2</td><td colspan="2">滚动轴承的设计与选用</td><td>学时</td><td>8 学时</td></tr>
<tr><td>序号</td><td colspan="2">检查项目</td><td>检查标准</td><td>学生自查</td><td>教师检查</td></tr>
<tr><td>1</td><td colspan="2">任务书阅读与分析能力，正确理解及描述目标要求</td><td>准确理解任务要求</td><td></td><td></td></tr>
<tr><td>2</td><td colspan="2">与同组同学协商，确定人员分工</td><td>较强的团队协作能力</td><td></td><td></td></tr>
<tr><td>3</td><td colspan="2">资料的分析、归纳能力</td><td>较强的资料检索能力和分析、归纳能力</td><td></td><td></td></tr>
<tr><td>4</td><td colspan="2">滚动轴承选择能力</td><td>滚动轴承类型和型号选择正确</td><td></td><td></td></tr>
<tr><td>5</td><td colspan="2">轴系零部件拆装能力</td><td>能按照正确的步骤和方法拆装轴系零部件</td><td></td><td></td></tr>
<tr><td>6</td><td colspan="2">测量、拆装工具应用能力</td><td>工具使用规范，测量和拆装方法正确</td><td></td><td></td></tr>
<tr><td>7</td><td colspan="2">安全生产与环保</td><td>符合“5S”要求</td><td></td><td></td></tr>
<tr><td colspan="2">检查
评价</td><td colspan="4">评语：</td></tr>
<tr><td colspan="2">班级</td><td>组别</td><td></td><td>组长签字</td><td></td></tr>
<tr><td colspan="2">教师签字</td><td colspan="2"></td><td>日期</td><td></td></tr>
</table>

2. 滚动轴承的设计与选用评价单（表 3-18）

表 3-18 滚动轴承的设计与选用评价单

<table>
<tr><td colspan="2">学习领域</td><td colspan="7">机械设计与应用</td></tr>
<tr><td colspan="2">学习情境 3</td><td colspan="2">轴系零部件的设计与选用</td><td colspan="4">学时</td><td>24 学时</td></tr>
<tr><td colspan="2">任务 2</td><td colspan="2">滚动轴承的设计与选用</td><td colspan="4">学时</td><td>8 学时</td></tr>
<tr><td>评价类别</td><td>评价项目</td><td>子项目</td><td colspan="2">个人评价</td><td colspan="3">组内互评</td><td>教师评价</td></tr>
<tr><td rowspan="16">专业能力（60%）</td><td rowspan="2">资讯（8%）</td><td>搜集信息（4%）</td><td colspan="2"></td><td colspan="3"></td><td></td></tr>
<tr><td>引导问题回答（4%）</td><td colspan="2"></td><td colspan="3"></td><td></td></tr>
<tr><td>计划（5%）</td><td>计划可执行度（5%）</td><td colspan="2"></td><td colspan="3"></td><td></td></tr>
<tr><td rowspan="5">实施（12%）</td><td>工作步骤执行（3%）</td><td colspan="2"></td><td colspan="3"></td><td></td></tr>
<tr><td>功能实现（3%）</td><td colspan="2"></td><td colspan="3"></td><td></td></tr>
<tr><td>质量管理（2%）</td><td colspan="2"></td><td colspan="3"></td><td></td></tr>
<tr><td>安全保护（2%）</td><td colspan="2"></td><td colspan="3"></td><td></td></tr>
<tr><td>环境保护（2%）</td><td colspan="2"></td><td colspan="3"></td><td></td></tr>
<tr><td rowspan="2">检查（10%）</td><td>全面性、准确性（5%）</td><td colspan="2"></td><td colspan="3"></td><td></td></tr>
<tr><td>异常情况排除（5%）</td><td colspan="2"></td><td colspan="3"></td><td></td></tr>
<tr><td rowspan="3">过程（15%）</td><td>使用工具规范性（7%）</td><td colspan="2"></td><td colspan="3"></td><td></td></tr>
<tr><td>操作（分析设计）</td><td colspan="2"></td><td colspan="3"></td><td></td></tr>
<tr><td>过程规范性（8%）</td><td colspan="2"></td><td colspan="3"></td><td></td></tr>
<tr><td>结果（5%）</td><td>结果质量（5%）</td><td colspan="2"></td><td colspan="3"></td><td></td></tr>
<tr><td>作业（5%）</td><td>作业质量（5%）</td><td colspan="2"></td><td colspan="3"></td><td></td></tr>
<tr style="display:none"></tr>
<tr><td rowspan="4">社会能力（20%）</td><td rowspan="2">团结协作（10%）</td><td>对小组的贡献（5%）</td><td colspan="2"></td><td colspan="3"></td><td></td></tr>
<tr><td>小组合作配合状况（5%）</td><td colspan="2"></td><td colspan="3"></td><td></td></tr>
<tr><td rowspan="2">敬业精神（10%）</td><td>吃苦耐劳精神（5%）</td><td colspan="2"></td><td colspan="3"></td><td></td></tr>
<tr><td>学习纪律性（5%）</td><td colspan="2"></td><td colspan="3"></td><td></td></tr>
<tr><td rowspan="2">方法能力（20%）</td><td>计划能力（10%）</td><td></td><td colspan="2"></td><td colspan="3"></td><td></td></tr>
<tr><td>决策能力（10%）</td><td></td><td colspan="2"></td><td colspan="3"></td><td></td></tr>
<tr><td>评价评语</td><td colspan="8">评语：</td></tr>
<tr><td>班级</td><td></td><td>组别</td><td></td><td>学号</td><td></td><td>总评</td><td colspan="2"></td></tr>
<tr><td>教师签字</td><td colspan="2"></td><td>组长签字</td><td></td><td>日期</td><td colspan="3"></td></tr>
</table>

3.2.7 实践中常见问题解析

1. 在选择滚动轴承的外径系列代号时，应初选中系列，若寿命不足或太大，均可方便地改选其他系列。

2. 轴承作为轴的支承，不是孤立存在的，轴承内圈直径的选择还要和所装配的轴径联系起来，才能确定。

3. 选择滚动轴承时，应先选择类型，再确定型号（尺寸），一般采用试算法来确定型号。

4. 不论间隙可调整或间隙不可调的滚动轴承，在装配时都要调整好轴向间隙（但有些间隙不可调的轴承不必留轴向间隙），以补偿轴在温度升高时的热伸长，从而保证滚动体的正常运转。若轴向间隙过小时，会造成轴承转动困难、发热，甚至使滚动体卡死或破损；若轴向间隙过大，则会导致运转中产生异声，甚至会造成严重振动或使保持架破坏。

任务 3.3 滑动轴承的设计与选用

3.3.1 任务描述

滑动轴承的设计与选用任务单见表 3-19。

表 3-19 滑动轴承的设计与选用任务单

学习领域	机械设计与应用		
学习情境 3	轴系零部件的设计与选用	学时	24 学时
任务 3	滑动轴承的设计与选用	学时	4 学时
布置任务			
学习目标	1. 能够分析滑动轴承的类型、结构和应用。 2. 能够选择滑动轴承的类型和材料。 3. 能够进行滑动轴承的校核计算。		
任务描述	选择压力机曲轴颈与箱体配合处的滑动轴承（图 3-18）。工作参数：曲轴输入功率为 6.18kW，曲轴转速 $n=58\text{r/min}$。 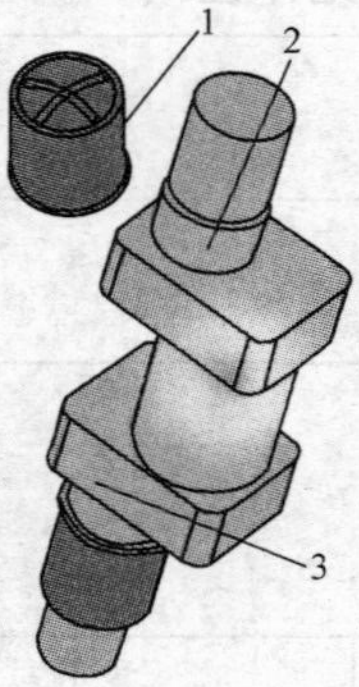 图 3-18 压力机曲轴上的滑动轴承 1、3—轴端整体式滑动轴承 2—曲轴		

任务分析	在曲柄压力机中，曲轴与箱体配合处采用滑动轴承，在满足压力机使用要求和装配方便的前提下，一般采用整体式或剖分式（对开式）结构。具体任务如下： 1. 分析滑动轴承的类型、结构和应用。 2. 选择轴瓦、轴承衬的材料和结构。 3. 进行滑动轴承的校核计算。					
学时安排	资讯 1学时	计划 0.5学时	决策 0.5学时	实施 1学时	检查 0.5学时	评价 0.5学时
提供资料	1. 胡家秀．简明机械零件设计实用手册（第2版）．北京：机械工业出版社，2012。 2. 李敏．机械设计与应用．北京：机械工业出版社，2010。 3. 封立耀．机械设计基础实例教程．北京：北京航空航天大学出版社，2007。 4. 孟玲琴．机械设计基础课程设计．北京：北京理工大学出版社，2013。 5. 压力机使用说明书。 6. 压力机安全技术操作规程。 7. 机械设计技术要求。					
对学生的要求	1. 能对任务书进行分析，能正确理解和描述目标要求。 2. 具有独立思考、善于提问的学习习惯。 3. 具有查询资料和市场调研能力，具备严谨求实和开拓创新的学习态度。 4. 能执行企业“5S”质量管理体系要求，具备良好的职业意识和社会能力。 5. 具备一定的观察理解和判断分析能力。 6. 具有团队协作、爱岗敬业的精神。 7. 具有一定的创新思维和勇于创新的精神。 8. 按时、按要求上交作业，并列入考核成绩。					

3.3.2 资讯

1. 滑动轴承的设计与选用资讯单（表3-20）

表3-20 滑动轴承的设计与选用资讯单

学习领域	机械设计与应用		
学习情境3	轴系零部件的设计与选用	学时	24学时
任务3	滑动轴承的设计与选用	学时	4学时

资讯方式	学生根据教师给出的资讯引导进行查询解答
资讯问题	1. 滑动轴承应用于什么场合？ 2. 滑动轴承的常见结构有哪些？ 3. 如何选择滑动轴承的材料？ 4. 滑动轴承的摩擦状态有哪些？ 5. 怎样选用滑动轴承？
资讯引导	1. 问题1可参考信息单信息资料第一部分和李敏主编的《机械设计与应用》第196页。 2. 问题2可参考信息单信息资料第一部分和李敏主编的《机械设计与应用》第213—214页。 3. 问题3可参考信息单信息资料第二部分和李敏主编的《机械设计与应用》第215—216页。 4. 问题4可参考信息单信息资料第二部分和李敏主编的《机械设计与应用》第212—213页。 5. 问题5可参考信息单信息资料第三部分和李敏主编的《机械设计与应用》第216—217页。

2. 滑动轴承的设计与选用信息单（表3-21）

表3-21　滑动轴承的设计与选用信息单

学习领域	机械设计与应用		
学习情境3	轴系零部件的设计与选用	学时	24学时
任务3	滑动轴承的设计与选用	学时	4学时
序号	信息资料		
一	滑动轴承的认知		

滑动轴承具有承载能力强、工作平稳、噪声低、抗冲击、回转精度高、高速性能好等优点，但也有起动摩擦阻力大、维护较复杂等缺点。由于滑动轴承的独特优点，某些特殊场合必须采用滑动轴承，如轴的转速很高、旋转精度要求特别高、承受很大的冲击和振动载荷、必须采用剖分结构及特殊工作条件下的场合。目前，滑动轴承在金属切削机床、汽轮机、大型电机、铁路机车及车辆、雷达、卫星通信地面站等方面得到了广泛的应用。

1. 滑动轴承的类型

滑动轴承按照承受载荷的方向，可分为径向滑动轴承和推力滑动轴承；按照轴系和轴承装拆的需要，可分为整体式和剖分式；按照轴颈和轴瓦间的摩擦状态，可分为液体摩擦滑动轴承和非液体摩擦滑动轴承。

液体摩擦滑动轴承用于高速、精度要求较高或低速、重载的场合。对于轴承工作性能要求不高、转速较低、难于维护等条件下工作的轴承，一般采用非液体摩擦滑动轴承，一般机械设备中使用的滑动轴承大多属于此类。

2. 滑动轴承的结构

（1）径向滑动轴承

1）整体式径向滑动轴承。整体式径向滑动轴承结构简单，但磨损后无法调节轴承间隙，轴承只能从轴端部装入。整体式径向滑动轴承如图3-19所示。

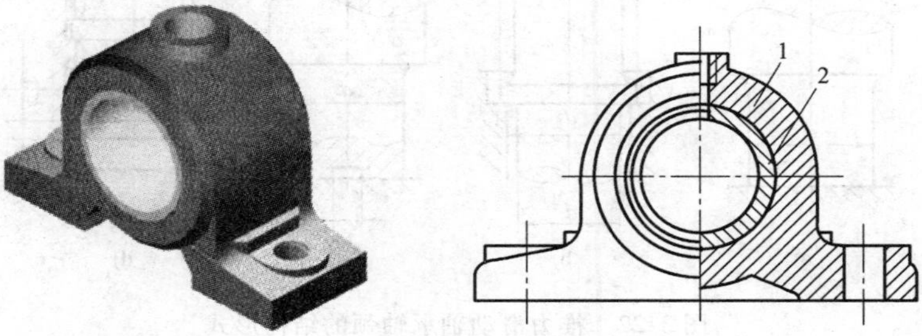

图3-19　整体式径向滑动轴承

1—轴承座　2—轴瓦

2）剖分式径向滑动轴承。剖分式径向滑动轴承磨损后，可用改变垫片厚度的方法调节轴承间隙，装配也很方便。剖分式径向滑动轴承如图3-20所示。

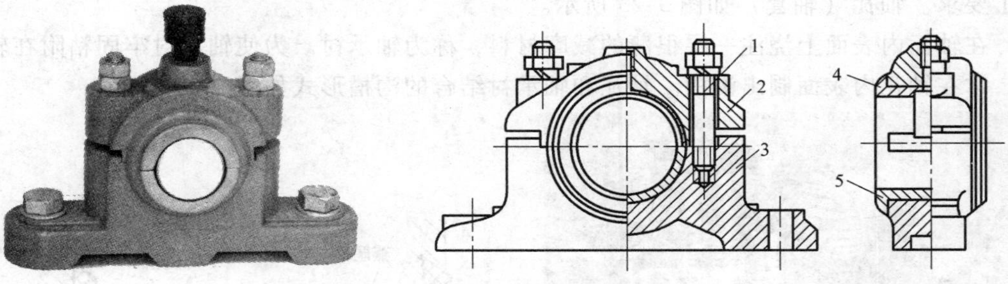

图3-20　剖分式径向滑动轴承

1—螺栓　2—轴承盖　3—轴承座　4、5—轴瓦

（2）推力滑动轴承　推力滑动轴承承受轴向力，其结构由轴承座1、衬套2、轴瓦3、推力轴瓦4和销钉5组成，如图3-21所示。推力轴瓦底部为球面，使轴瓦工作表面受力均匀。

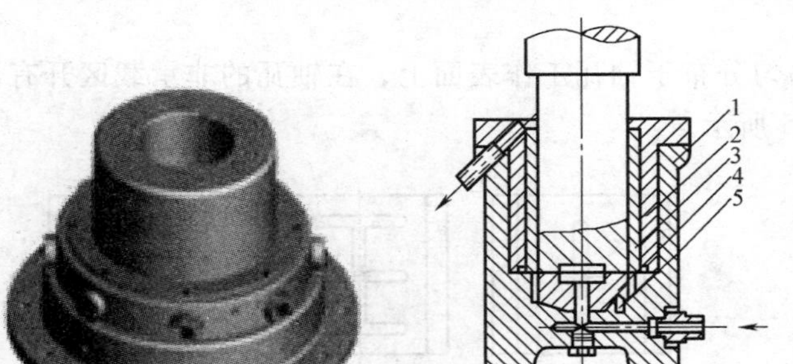

图3-21　推力滑动轴承

1—轴承座　2—衬套　3—轴瓦　4—推力轴瓦　5—销钉

推力滑动轴承轴颈的结构形式有实心式、单环式、空心式、多环式等，如图 3-22 所示。

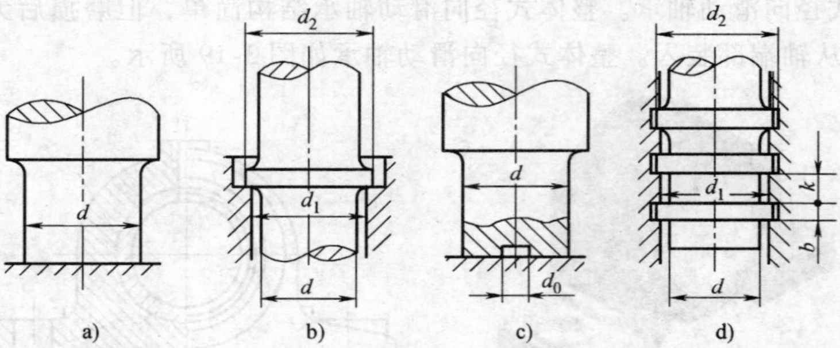

图 3-22　推力滑动轴承轴颈的结构形式

a）实心式　b）单环式　c）空心式　d）多环式

3. 轴瓦和轴承衬

轴瓦是滑动轴承中直接与轴颈相接触的零件。工作时，轴瓦和轴颈的工作表面之间存在一定的相对滑动速度，因此从摩擦、磨损、润滑和导热等方面都对轴瓦的结构和材料提出了要求。轴瓦（轴套）如图 3-23 所示。

在轴瓦内表面上浇注一层很薄的减摩材料，称为轴承衬。为使轴承衬牢固粘附在轴瓦上，常在轴瓦内表面制出沟槽。轴瓦和轴承衬结合的沟槽形式如图 3-24 所示。

图 3-23　轴瓦（轴套）

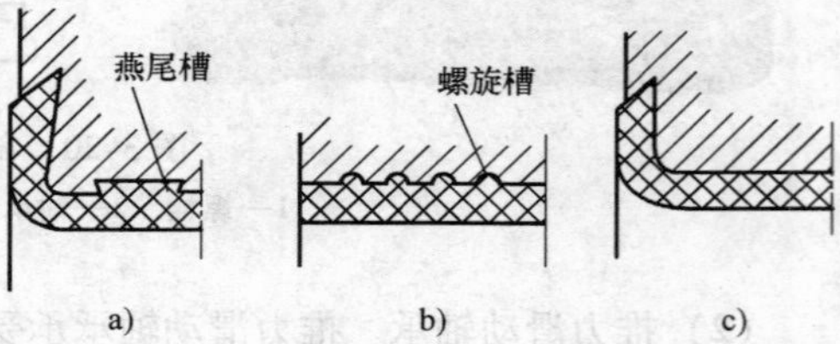

图 3-24　轴瓦和轴承衬的结合沟槽形式

为使润滑油均匀分布于轴瓦工作表面上，在轴瓦的非承载区开有油孔和油沟。油孔和油沟形式如图 3-25 所示。

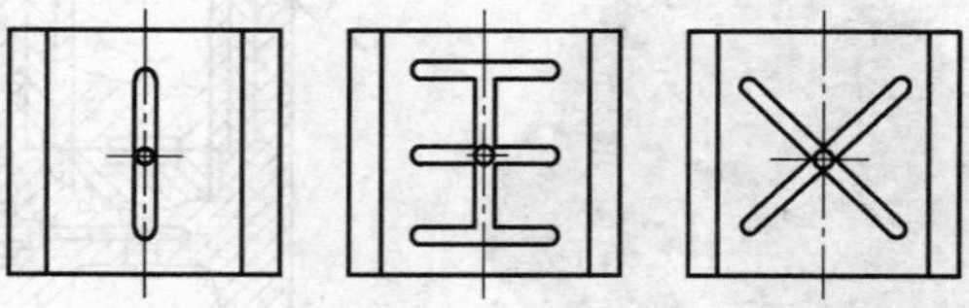

图 3-25　油孔和油沟形式

4. 刮瓦

剖分式滑动轴承磨损后可通过刮瓦进行间隙修复，如图 3-26 所示。

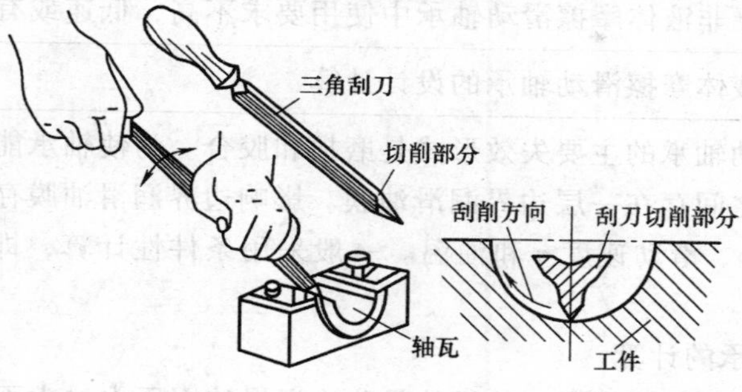

图 3-26 刮瓦

二	滑动轴承的材料和润滑选择

1. 轴瓦和轴承衬的材料

轴瓦和轴承衬的材料应具有如下性能：①良好的减摩性、耐磨性和磨合性；②良好的顺应性和嵌藏性；③良好的导热性、工艺性和耐蚀性；④足够的抗冲击、抗压和抗疲劳强度。

常用的轴瓦和轴承衬材料有以下几种：

（1）轴承合金　主要有锡锑轴承合金和铅锑轴承合金两大类。轴承合金的减摩性、耐磨性、顺应性、导热性和嵌藏性好，但价格较高、强度较低，常用作轴承衬材料。

（2）青铜　主要有锡青铜、铝青铜、铅青铜等。青铜的摩擦因数小、耐磨性和导热性好、机械强度高、承载能力大，一般用于重载、中速中载的场合。

（3）其他材料　粉末冶金具有多孔组织。使用前将粉末冶金制成的轴承浸入润滑油中，使润滑油充分渗入多孔组织。运转时，轴瓦温度升高，润滑油产生热膨胀，自动进入滑动表面润滑轴承。轴承一次进油后可使用较长时间，常用于不便加油的场合。

灰铸铁和球墨铸铁价格低廉，常用于低速、轻载的场合。

非金属轴承材料主要有塑料、硬木、橡胶和石墨等，其中塑料应用最多。塑料的摩擦因数小、耐蚀、抗冲击，但导热性差、易变形，常用于低速、轻载和不宜使用油润滑的场合。

2. 滑动轴承的摩擦状态

由于润滑条件不同，摩擦可分为以下四种状态：干摩擦、边界摩擦、流体摩擦、混合摩擦，如图 3-27 所示。

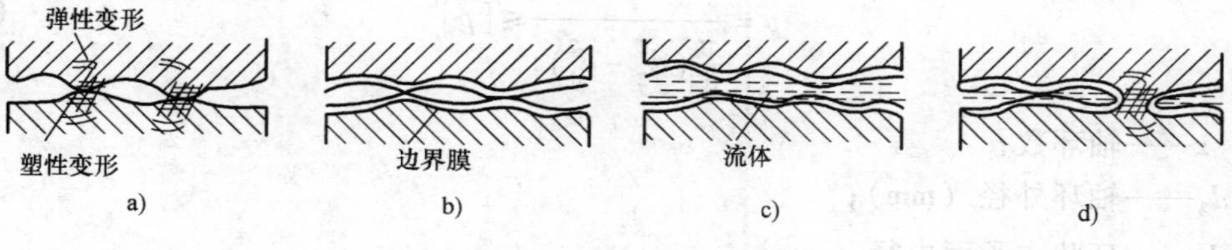

图 3-27 滑动轴承的摩擦状态

a）干摩擦　b）边界摩擦　c）流体摩擦　d）混合摩擦

3. 滑动轴承的润滑

滑动轴承常用的润滑剂有润滑油和润滑脂两类。黏度是选择润滑油品种的主要性能指标。润滑脂主要用于非液体摩擦滑动轴承中使用要求不高，低速或有冲击的场合。

三	非液体摩擦滑动轴承的设计计算

非液体摩擦滑动轴承的主要失效形式是磨损和胶合。为使轴承能正常工作，应使轴颈和轴瓦的接触表面之间存在一层边界润滑油膜。影响边界润滑油膜存在的因素主要有：接触表面之间的压强 p、滑动速度 v 和油温。一般采用条件性计算，即限制压强 p、滑动速度 v 和乘积 pv 值。

1. 向心滑动轴承的计算

（1）校核压强 p　校核压强 p 的目的是防止润滑油因压力过大而被挤出。压强 p 的计算公式为

$$p=\frac{F}{Bd}\leqslant[p] \tag{3-9}$$

式中　F——径向载荷（N）；

B——轴承宽度（mm）；

d——轴径直径（mm）；

$[p]$——轴瓦材料的许用压强（MPa）。

（2）校核滑动速度 v　轴颈与轴瓦间滑动速度过高，会加速磨损。滑动速度 v 的计算公式为

$$v=\frac{n\pi d}{60\times1000}\leqslant[v] \tag{3-10}$$

式中　v——滑动速度（m/s）；

n——轴的转速（r/min）；

$[v]$——滑动速度的许用值。

（3）校核 pv 值　轴承的发热量与单位面积上表征功率损耗的 fpv 成正比，摩擦因数 f 是常量，校核 pv 值的目的是防止工作时产生过高的热量而导致胶合。pv 值的计算公式为

$$pv=\frac{n\pi dF}{60\times1000Bd}\leqslant[pv] \tag{3-11}$$

式中　$[pv]$——pv 的许用值（MPa · m/s）。

2. 推力滑动轴承的计算

（1）校核压强 p

$$p=\frac{F}{\frac{\pi}{4}(d_2^2-d_1^2)z}\leqslant[p] \tag{3-12}$$

式中　z——轴环数；

d_2——轴环外径（mm）；

d_1——环状支承面内径（mm）。

（2）校核轴环的平均速度 v_m

$$v_m = \frac{n\pi d_m}{60 \times 1000} \leqslant [v_m] \tag{3-13}$$

式中　d_m——轴环的平均直径（mm），$d_m = (d_1 + d_2)/2$。

（3）校核 pv_m 值

$$pv_m \leqslant [pv_m] \tag{3-14}$$

对于多环推力滑动轴承，考虑到各止推面载荷不均匀，应将［p］、［pv］值降低20%～40%。

3.3.3 计划

根据任务内容制订小组任务计划，简要说明任务实施过程的步骤及注意事项，将计划内容等填入滑动轴承的设计与选用计划单，见表3-22。

表3-22　滑动轴承的设计与选用计划单

学习领域	机械设计与应用			
学习情境3	轴系零部件的设计与选用		学时	24学时
任务3	滑动轴承的设计与选用		学时	4学时
计划方式	由小组讨论制订完成本小组实施计划			
序号	实施步骤		使用资源	
制订计划说明				
计划评价	评语：			
班级		第　　组	组长签字	
教师签字			日期	

3.3.4 决策

各小组之间讨论工作计划的合理性和可行性，选定合适的工作计划，进行决策，填写滑动轴承的设计与选用决策单，见表 3-23。

表 3-23 滑动轴承的设计与选用决策单

<table>
<tr><td>学习领域</td><td colspan="7">机械设计与应用</td></tr>
<tr><td>学习情境 3</td><td colspan="5">轴系零部件的设计与选用</td><td>学时</td><td>24 学时</td></tr>
<tr><td>任务 3</td><td colspan="5">滑动轴承的设计与选用</td><td>学时</td><td>4 学时</td></tr>
<tr><td colspan="6">方案讨论</td><td>组号</td><td></td></tr>
<tr><td rowspan="16">方案决策</td><td>组别</td><td>步骤
顺序性</td><td>步骤
合理性</td><td>实施可
操作性</td><td>选用工具
合理性</td><td colspan="2">原因说明</td></tr>
<tr><td>1</td><td></td><td></td><td></td><td></td><td colspan="2"></td></tr>
<tr><td>2</td><td></td><td></td><td></td><td></td><td colspan="2"></td></tr>
<tr><td>3</td><td></td><td></td><td></td><td></td><td colspan="2"></td></tr>
<tr><td>4</td><td></td><td></td><td></td><td></td><td colspan="2"></td></tr>
<tr><td>5</td><td></td><td></td><td></td><td></td><td colspan="2"></td></tr>
<tr><td>1</td><td></td><td></td><td></td><td></td><td colspan="2"></td></tr>
<tr><td>2</td><td></td><td></td><td></td><td></td><td colspan="2"></td></tr>
<tr><td>3</td><td></td><td></td><td></td><td></td><td colspan="2"></td></tr>
<tr><td>4</td><td></td><td></td><td></td><td></td><td colspan="2"></td></tr>
<tr><td>5</td><td></td><td></td><td></td><td></td><td colspan="2"></td></tr>
<tr><td>1</td><td></td><td></td><td></td><td></td><td colspan="2"></td></tr>
<tr><td>2</td><td></td><td></td><td></td><td></td><td colspan="2"></td></tr>
<tr><td>3</td><td></td><td></td><td></td><td></td><td colspan="2"></td></tr>
<tr><td>4</td><td></td><td></td><td></td><td></td><td colspan="2"></td></tr>
<tr><td>5</td><td></td><td></td><td></td><td></td><td colspan="2"></td></tr>
<tr><td>方案评价</td><td colspan="7">评语：（根据组内的决策，对照计划进行修改并说明修改原因）</td></tr>
<tr><td>班级</td><td></td><td>组长签字</td><td></td><td>教师签字</td><td></td><td>月</td><td>日</td></tr>
</table>

3.3.5 实施

1. 实施准备

任务实施准备主要有场地准备、教学仪器（工具）准备、资料准备，见表3-24。

表3-24 滑动轴承的设计与选用实施准备

场地准备	教学仪器（工具）准备	资料准备
机械设计实训室	减速器、小锤子、计算器	1. 李敏. 机械设计与应用. 北京：机械工业出版社，2010。 2. 封立耀. 机械设计基础实例教程. 北京：北京航空航天大学出版社，2007。 3. 胡家秀. 简明机械零件设计实用手册（第2版）. 北京：机械工业出版社，2012。 4. 压力机使用说明书。 5. 压力机安全技术操作规程。 6. 机械设计技术要求。

2. 实施任务

依据计划步骤实施任务，并完成作业单的填写。滑动轴承的设计与选用作业单见表3-25。

表3-25 滑动轴承的设计与选用作业单

学习领域	机械设计与应用		
学习情境3	轴系零部件的设计与选用	学时	24学时
任务3	滑动轴承的设计与选用	学时	4学时
作用方式	小组分析，个人解答，现场批阅，集体评判		
1	选择滑动轴承材料时应考虑哪些因素？滑动轴承的常用材料有哪些？		
作业解答：			

2	选择压力机曲轴颈与箱体配合处的滑动轴承。工作参数：曲轴输入功率为6.18kW，曲轴转速为58r/min，轴瓦内径为90mm，轴瓦的工作长度$L=100\text{mm}$。

作业解答：

作业评价：

班级		组别		组长签字	
学号		姓名		教师签字	
教师评分		日期			

3.3.6 检查评价

学生完成本学习任务后，应展示的结果有完成的计划单、决策单、作业单、检查单、评价单。

1. 滑动轴承的设计与选用检查单（表 3-26）

表 3-26 滑动轴承的设计与选用检查单

<table>
<tr><td>学习领域</td><td colspan="4">机械设计与应用</td></tr>
<tr><td>学习情境 3</td><td colspan="2">轴系零部件的设计与选用</td><td>学时</td><td>24 学时</td></tr>
<tr><td>任务 3</td><td colspan="2">滑动轴承的设计与选用</td><td>学时</td><td>4 学时</td></tr>
<tr><td>序号</td><td>检查项目</td><td>检查标准</td><td>学生自查</td><td>教师检查</td></tr>
<tr><td>1</td><td>任务书阅读与分析能力，正确理解及描述目标要求</td><td>准确理解任务要求</td><td></td><td></td></tr>
<tr><td>2</td><td>与同组同学协商，确定人员分工</td><td>较强的团队协作能力</td><td></td><td></td></tr>
<tr><td>3</td><td>资料的分析、归纳能力</td><td>较强的资料检索能力和分析、归纳能力</td><td></td><td></td></tr>
<tr><td>4</td><td>滑动轴承选择能力</td><td>滑动轴承选择正确</td><td></td><td></td></tr>
<tr><td>5</td><td>轴系零部件拆装能力</td><td>能按照正确的步骤和方法拆装轴系零部件</td><td></td><td></td></tr>
<tr><td>6</td><td>测量、拆装工具应用能力</td><td>工具使用规范，测量和拆装方法正确</td><td></td><td></td></tr>
<tr><td>7</td><td>安全生产与环保</td><td>符合“5S”要求</td><td></td><td></td></tr>
<tr><td>检查评价</td><td colspan="4">评语：</td></tr>
<tr><td>班级</td><td></td><td>组别</td><td></td><td>组长签字</td></tr>
<tr><td>教师签字</td><td colspan="2"></td><td>日期</td><td></td></tr>
</table>

2. 滑动轴承的设计与选用评价单（表 3-27）

表 3-27　滑动轴承的设计与选用评价单

学习领域	机械设计与应用								
学习情境 3	轴系零部件的设计与选用				学时				24 学时
任务 3	滑动轴承的设计与选用				学时				4 学时
评价类别	评价项目	子项目	个人评价	组内互评					教师评价
专业能力（60%）	资讯（8%）	搜集信息（4%）							
		引导问题回答（4%）							
	计划（5%）	计划可执行度（5%）							
	实施（12%）	工作步骤执行（3%）							
		功能实现（3%）							
		质量管理（2%）							
		安全保护（2%）							
		环境保护（2%）							
	检查（10%）	全面性、准确性（5%）							
		异常情况排除（5%）							
	过程（15%）	使用工具规范性（7%）							
		操作（分析设计）							
		过程规范性（8%）							
	结果（5%）	结果质量（5%）							
	作业（5%）	作业质量（5%）							
社会能力（20%）	团结协作（10%）	对小组的贡献（5%）							
		小组合作配合状况（5%）							
	敬业精神（10%）	吃苦耐劳精神（5%）							
		学习纪律性（5%）							
方法能力（20%）	计划能力（10%）								
	决策能力（10%）								
评价评语	评语：								
班级		组别		学号			总评		
教师签字		组长签字		日期					

3.3.7 实践中常见问题解析

1. 滑动轴承的装配要求是：轴与轴承配合表面的接触黏度应达到规定标准；配合间隙要求，在工作条件下不致发热烧坏轴或轴承；润滑油通道的位置要正确、畅通，保证充分润滑。

2. 机器运转时应尽量控制轴承的温度稳定，一般情况下轴承的温度应该控制在60℃以下，温度过高则会给机器带来不好的影响。造成轴承运转时温度过高的原因有以下几点：①轴承轴瓦过紧；②润滑状态不理想（润滑油不足或润滑油路堵塞）；③轴承刮得不平。解决方法：①调节轴承轴瓦的压紧度；②选择好润滑油，增加润滑油量，清理润滑油路；③确定轴承安装正确并刮轴瓦。

学习情境 4

常用联接件的设计与选用

【学习目标】

通过对压力机常用联接件的设计训练，学生能够掌握常用联接件的类型、特点和应用，能够进行常用联接件的强度计算和结构设计，能够正确选择和使用常用联接件。

【工作任务】

1. 螺纹联接的设计与选用。
2. 键联接的设计与选用。
3. 联轴器的设计与选用。

【情境描述】

机器中的常用联接件包括螺纹、键、联轴器等（见图 4-1），利用这些联接件可将两个或两个以上的零件相对固定起来。常用联接件具有结构简单、拆装方便和联接可靠等优点。本学习情境要完成压力机中常用联接件的设计与选用，所需设备（工具）和材料有压力机及其使用说明书、计算器、多媒体等。学生分组制订工作计划并实施，完成螺纹联接、键联接和联轴器的设计等任务，以及完成作业单中的工作内容，掌握机器中常用联接件的设计和选用方法，培养机械设计创新能力。

图 4-1　减速器中的联接件
1—定位销　2—键　3—箱体与箱盖螺栓联接
4—轴承旁螺栓　5—端盖螺栓

任务 4.1　螺纹联接的设计与选用

4.1.1　任务描述

螺纹联接的设计与选用任务单见表 4-1。

表 4-1　螺纹联接的设计与选用任务单

<table>
<tr><td>学习领域</td><td colspan="6">机械设计与应用</td></tr>
<tr><td>学习情境 4</td><td colspan="3">常用联接件的设计与选用</td><td colspan="2">学时</td><td>18 学时</td></tr>
<tr><td>任务 1</td><td colspan="3">螺纹联接的设计与选用</td><td colspan="2">学时</td><td>8 学时</td></tr>
<tr><td colspan="7">布置任务</td></tr>
<tr><td>学习目标</td><td colspan="6">1. 能够分析螺纹联接的特点和应用。
2. 能够正确选择螺纹联接的主要参数，进行螺纹联接强度计算。
3. 能够进行螺栓组联接的结构设计。</td></tr>
<tr><td>任务描述</td><td colspan="6">选择压力机减速器中联接箱体与箱盖的螺纹联接。工作条件：减速器输入功率为 7.28kW，输入转速为 720r/min。压力机减速器中箱体与箱盖的螺纹联接如图 4-2 所示。

图 4-2　压力机减速器箱体与箱盖的螺纹联接</td></tr>
<tr><td>任务分析</td><td colspan="6">压力机减速器箱体和箱盖之间采用螺纹联接。利用螺纹联接，将箱体和箱盖联接在一起，便于减速器的制造、安装、运输及维修。具体任务如下：
1. 分析常用螺纹联接的类型、特点和应用。
2. 选择螺纹的主要参数、螺纹联接的类型、螺纹联接件。
3. 进行螺纹联接的强度计算、螺栓组联接的结构设计。</td></tr>
<tr><td>学时安排</td><td>资讯
2 学时</td><td>计划
0.5 学时</td><td>决策
0.5 学时</td><td>实施
4 学时</td><td>检查
0.5 学时</td><td>评价
0.5 学时</td></tr>
<tr><td>提供资料</td><td colspan="6">1. 胡家秀. 简明机械零件设计实用手册（第 2 版）. 北京：机械工业出版社，2012。
2. 李敏. 机械设计与应用. 北京：机械工业出版社，2010。
3. 封立耀. 机械设计基础实例教程. 北京：北京航空航天大学出版社，2007。
4. 孟玲琴. 机械设计基础课程设计. 北京：北京理工大学出版社，2013。</td></tr>
</table>

提供资料	5. 压力机使用说明书。 6. 压力机安全技术操作规程。 7. 机械设计技术要求。
对学生的要求	1. 能对任务书进行分析，能正确理解和描述目标要求。 2. 具有独立思考、善于提问的学习习惯。 3. 具有查询资料和市场调研能力，具备严谨求实和开拓创新的学习态度。 4. 能执行企业“5S”质量管理体系要求，具备良好的职业意识和社会能力。 5. 具备一定的观察理解和判断分析能力。 6. 具有团队协作、爱岗敬业的精神。 7. 具有一定的创新思维和勇于创新的精神。 8. 按时、按要求上交作业，并列入考核成绩。

4.1.2 资讯

1. 螺纹联接的设计与选用资讯单（表 4-2）

表 4-2 螺纹联接的设计与选用资讯单

学习领域	机械设计与应用		
学习情境 4	常用联接件的设计与选用	学时	18 学时
任务 1	螺纹联接的设计与选用	学时	8 学时
资讯方式	学生根据教师给出的资讯引导进行查询解答		
资讯问题	1. 螺纹的类型有哪些？ 2. 螺纹的主要参数有哪些？ 3. 螺纹联接的类型有哪些？ 4. 为什么要进行螺纹联接的预紧和防松？螺纹联接预紧和防松的方法有哪些？ 5. 如何进行螺纹联接的强度计算？ 6. 如何进行螺栓组联接的结构设计？		
资讯引导	1. 问题 1 可参考信息单信息资料第一部分内容和李敏主编的《机械设计与应用》第 224—225 页。 2. 问题 2 可参考信息单信息资料第一部分内容和李敏主编的《机械设计与应用》第 224—225 页。 3. 问题 3 可参考信息单信息资料第一部分内容和李敏主编的《机械设计与应用》第 226—229 页。		

资讯引导	4. 问题 4 可参考信息单信息资料第一部分内容和李敏主编的《机械设计与应用》第 229—231 页。 5. 问题 5 可参考信息单信息资料第二部分内容和李敏主编的《机械设计与应用》第 231—238 页。 6. 问题 6 可参考信息单信息资料第三部分内容和李敏主编的《机械设计与应用》第 238—239 页。

2. 螺纹联接的设计与选用信息单（表 4-3）

表 4-3 螺纹联接的设计与选用信息单

学习领域	机械设计与应用		
学习情境 4	常用联接件的设计与选用	学时	18 学时
任务 1	螺纹联接的设计与选用	学时	8 学时
序号	信息资料		
一	螺纹及螺纹联接的认知		

螺纹联接是应用螺纹零件（如螺栓和螺母）将两个或两个以上的零件相对固定起来的联接，它具有结构简单、拆装方便及联接可靠等优点，在压力机中应用甚广。

1. 螺纹的类型和主要参数

常用螺纹按照牙型不同主要分为三角形螺纹、矩形螺纹、梯形螺纹、锯齿形螺纹。三角形螺纹用于联接，矩形螺纹、梯形螺纹、锯齿形螺纹用于传动。螺纹的牙型如图 4-3 所示。

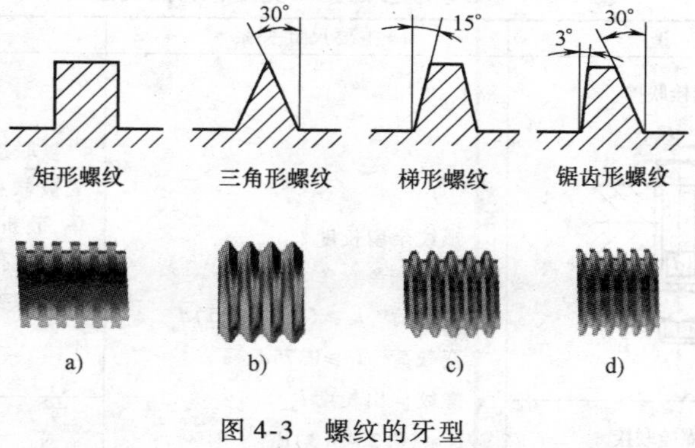

图 4-3 螺纹的牙型

a）矩形螺纹 b）三角形螺纹 c）梯形螺纹 d）锯齿形螺纹

按照螺旋线的绕向，螺纹还可分为右旋螺纹和左旋螺纹，如图 4-4 所示。按照螺旋线的数目，螺纹又可分为单线螺纹和多线螺纹，如图 4-5 所示。

螺纹的主要参数有大径（d、D）、小径（d_1、D_1）、中径（d_2、D_2）、螺距 P、线数 n、导程 P_h、螺纹升角 ϕ、牙型角 α，如图 4-6 所示。

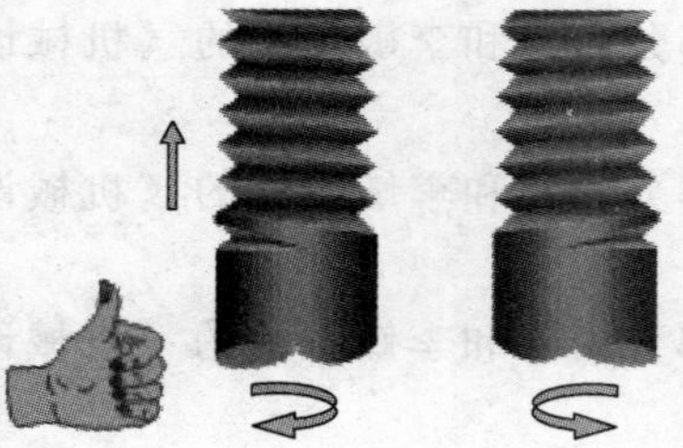

a)　　　　　　　　b)

图 4-4　螺纹的旋向

a）左旋螺纹　b）右旋螺纹

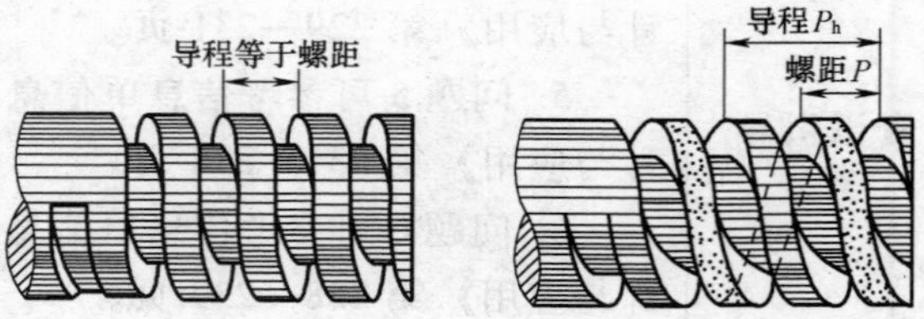

a)　　　　　　　　b)

图 4-5　螺纹的线数、螺距和导程

a）单线螺纹　b）双线螺纹

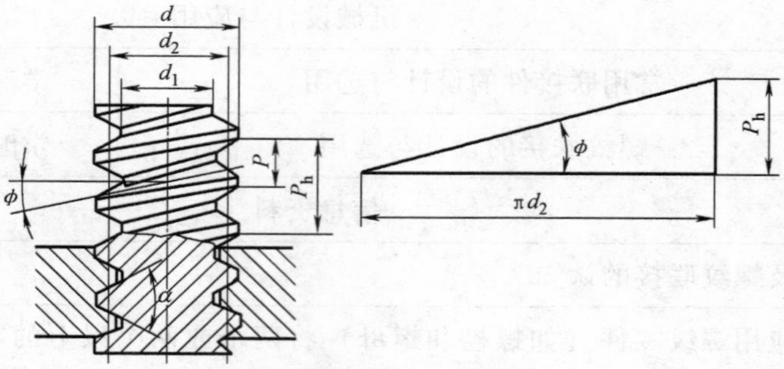

图 4-6　螺纹的主要参数

2. 螺纹联接的类型和应用

螺纹联接有四种基本类型：螺栓联接、双头螺柱联接、螺钉联接、紧定螺钉联接。螺纹联接的基本类型、特点及应用见表 4-3-1。

表 4-3-1　螺纹联接的基本类型、特点及应用

类　型	构　造	主要尺寸关系	特点及应用
螺栓联接	普通螺栓联接 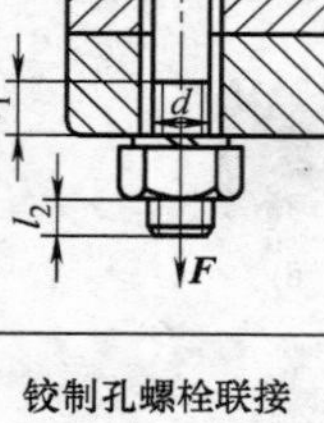	螺纹余留长度 l_1 普通螺栓联接 静载荷　$l_1 \geqslant (0.3 \sim 0.5)d$ 变载荷　$l_1 \geqslant 0.75d$ 螺纹伸出长度 l_2 $l_2 \approx (0.2 \sim 0.3)d$ 螺栓轴线到被联接件边缘的距离 $e = d + (3 \sim 6)$ mm 铰制孔用螺栓联接 l_1 尽可能小	被联接件无需切制螺纹，使用不受被联接件材料的限制。结构简单，装拆方便，成本低，应用广泛。用于通孔、能从被联接件两边进行装配的场合
	铰制孔螺栓联接 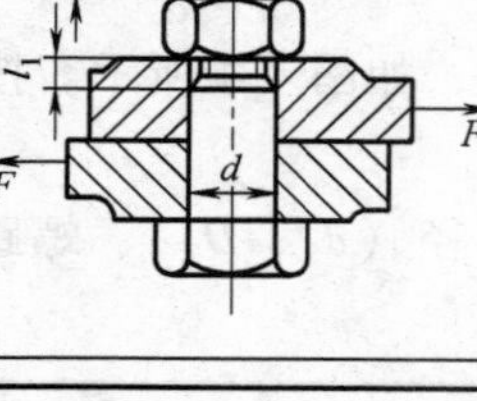		螺杆与孔之间紧密配合。用螺杆承受横向载荷或固定被联接件的相互位置。工作时，螺栓一般受剪切力，故也常称为受剪螺栓联接

（续）

类　型	构　　造	主要尺寸关系	特点及应用
双头螺柱联接	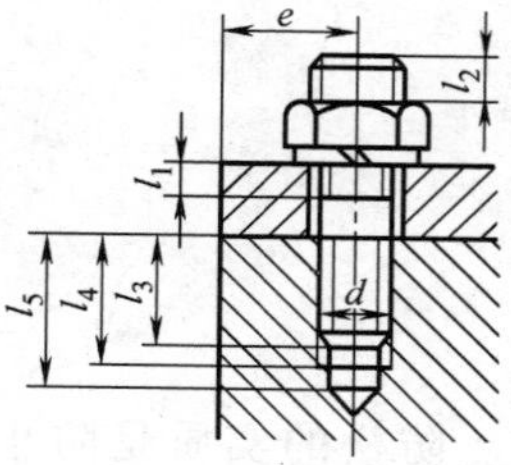	拧入深度 l_3，当螺孔材料为： 钢或青铜　$l_3 \approx d$ 铸铁　$l_3 = (1.25 \sim 1.5)d$ 铝合金　$l_3 = (1.5 \sim 2.5)d$ 螺纹孔深度 $l_4 \approx l_3 + (2 \sim 2.5)P$ 钻孔深度　$l_5 \approx l_4 + (0.5 \sim 1)d$ l_1、l_2、e 同上	双头螺柱的两端都有螺纹，其中一端紧旋在一被联接件的螺孔之内，另一端则穿过另一被联接件的孔，与螺母旋合而将两被联接件联接。常用于被联接件之一太厚、结构要求紧凑或经常拆卸的地方
螺钉联接	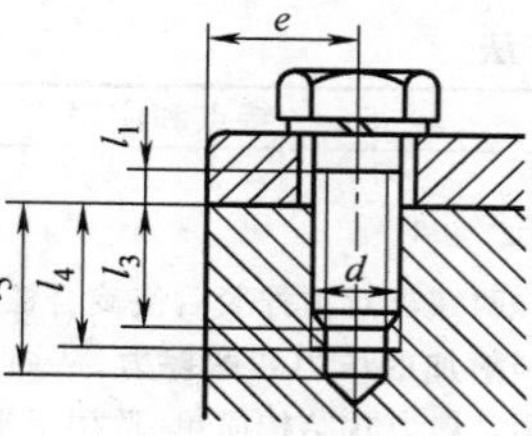	l_1、l_2、l_4、l_5、e 同上	不用螺母，而且能有光整的外露表面。应用与双头螺柱相似，但不宜用于经常拆卸的联接，以免损坏被联接件的螺孔
紧定螺钉联接	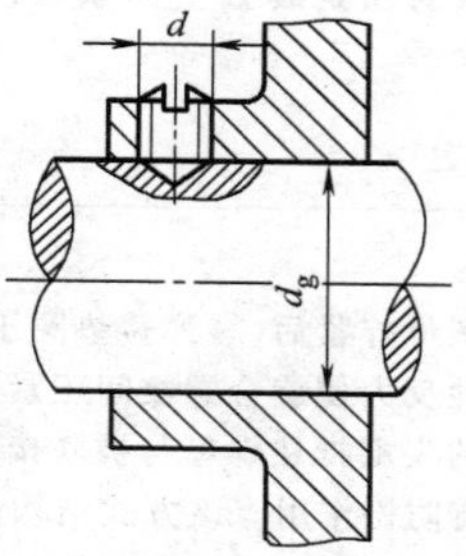	$d \approx (0.2 \sim 0.3)d_g$ 转矩大时取大值	旋入被联接件之一的螺纹孔中，其末端顶住另一被联接件的表面或顶入相应的坑中，以固定两个零件的相互位置，并可传递不大的力或转矩

3. 螺纹联接的预紧和防松

（1）预紧　生产实际中，大多数螺纹联接在安装时都需要拧紧，通常称为预紧。预紧的目的在于增强联接的可靠性、紧密性，提高防松能力。控制预紧力通常用指示式扭力扳手和预置式扭力扳手。指示式扭力扳手如图 4-7 所示。

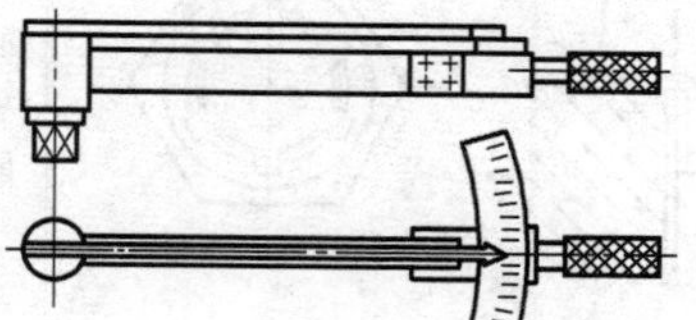

a)

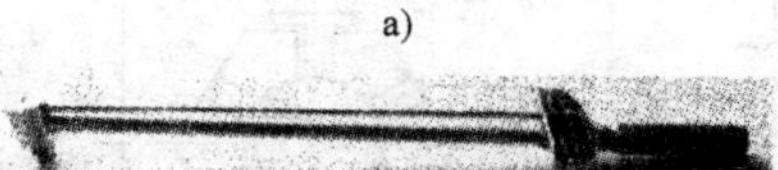

b)

图 4-7　指示式扭力扳手

a）示意图　b）实物图

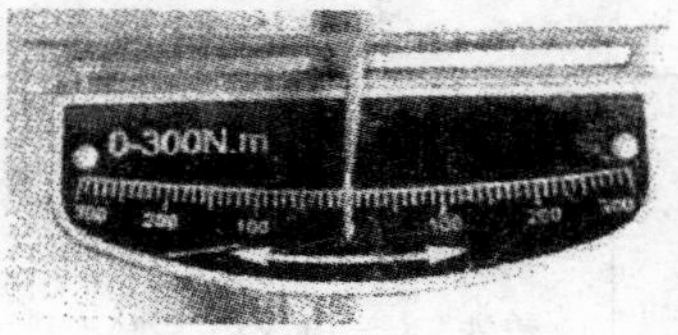

c)

图 4-7　指示式扭力扳手（续）

c）刻度盘

（2）防松　在设计螺纹联接时还必须要考虑防松措施。防松的实质是防止螺纹副的相对转动，螺纹联接常用的防松方法见表 4-3-2。

表 4-3-2　螺纹联接常用的防松方法

防松方法		结构形式	特点和应用
摩擦力防松	对顶螺母	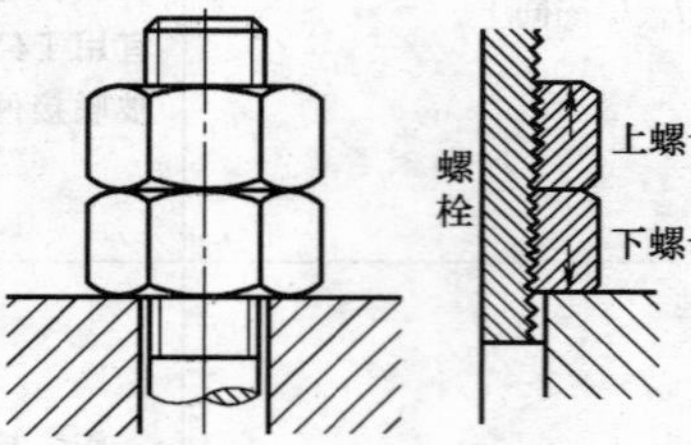	两螺母对顶拧紧后使旋合螺纹间始终受到附加的压力和摩擦力，从而起到防松作用。该方式结构简单，适用于平稳、低速和重载的固定装置上的联接，但轴向尺寸较大
	弹簧垫圈	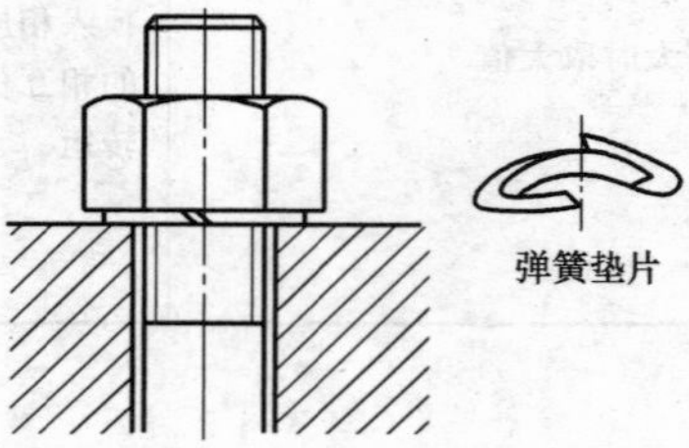	螺母拧紧后，靠弹簧垫圈压平而产生的弹性反力使旋合螺纹间压紧，同时垫圈外口的尖端抵住螺母与被联接件的支承面，也有防松作用。该方式结构简单，使用方便。但在冲击振动的工作条件下，其防松效果较差，一般用于不甚重要的联接
	自锁螺母	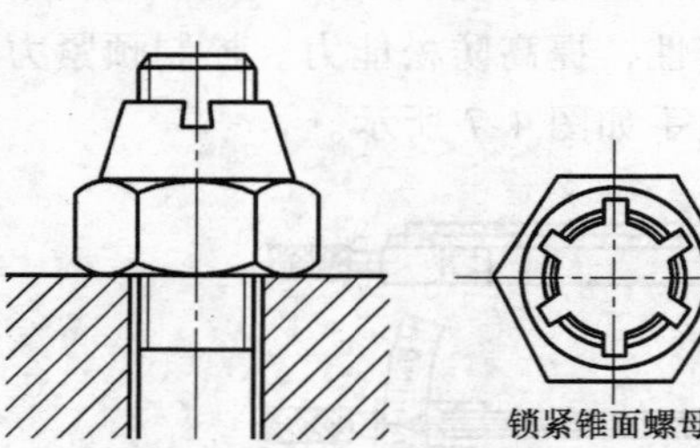 锁紧锥面螺母	螺母一端制成非圆形收口或开缝后径向收口。当螺母拧紧后收口胀开，利用收口的弹力使旋合螺纹压紧。该方式结构简单，防松可靠，可多次装拆而不降低防松能力
机械防松	开口销与六角槽螺母防松	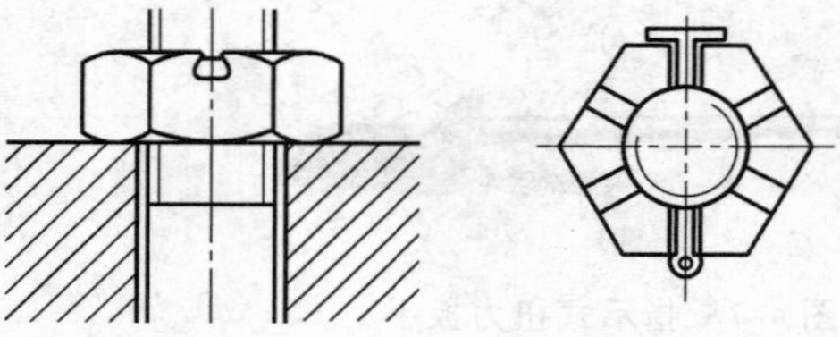	将开口销穿入螺栓尾部小孔和螺母槽内，并将开口销尾部掰开与螺母侧面贴紧，依靠开口销阻止螺栓与螺母相对转动以防松。该方式适用于冲击和振动较大的高速机械中

（续）

防松方法		结构形式	特点和应用
机械防松	带翅垫圈	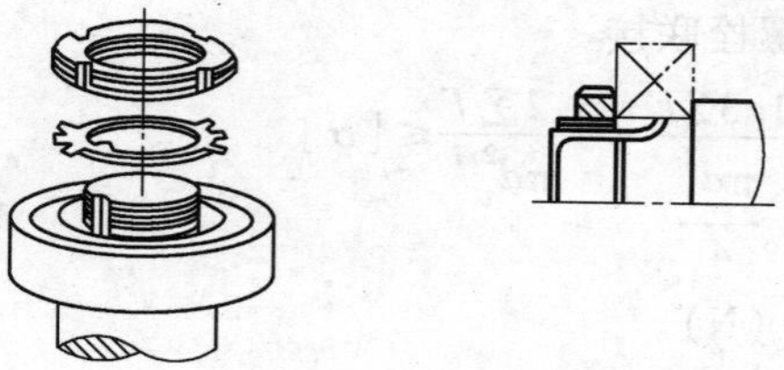	带翅垫圈具有几个外翅和一个内翅，将内翅嵌入螺栓（或轴）的轴向槽内，旋紧螺母，将一个外翅弯入螺母的槽内，螺母即被锁住，该方式结构简单，使用方便，防松可靠
	串联钢丝	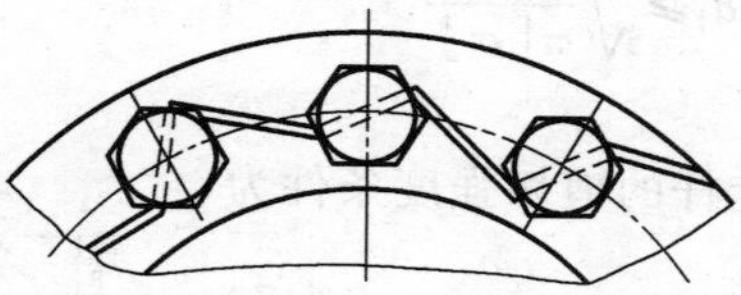	用低碳钢丝穿入各螺钉头部的孔内，将各螺钉串联起来使其相互制约，使用时必须注意钢丝的穿入方向。该方式适用于螺钉组联接，其防松可靠，但装拆不方便
其他方法防松	粘结剂	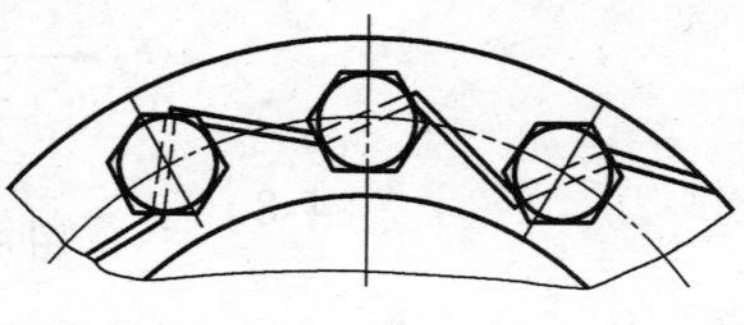	用粘结剂涂于螺纹旋合表面，拧紧螺母后粘结剂能自行固化，防松效果良好，但不便拆卸
	冲点	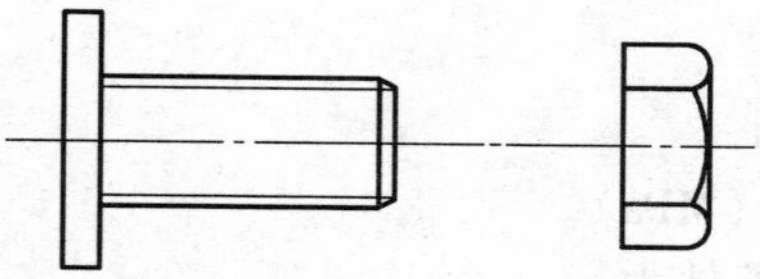	在螺纹件旋合好后，用冲头在旋合缝处或在端面冲点防松。这种防松效果很好，但此时螺纹联接成为不可拆卸联接

二　螺纹联接的强度计算

1. 松螺栓联接

强度条件为

$$\sigma=\frac{F}{A}=\frac{F}{\frac{\pi d_1^2}{4}}=\frac{4F}{\pi d_1^2}\leqslant[\sigma] \tag{4-1}$$

设计公式为

$$d_1\geqslant\sqrt{\frac{4F}{\pi[\sigma]}} \tag{4-2}$$

式中　σ——螺栓危险截面处的应力（MPa）；

F——螺栓脚受力（N）；

d_1——螺栓危险截面处螺纹小径（mm）；

$[\sigma]$——螺栓材料的许用拉应力（MPa）。

2. 紧螺栓联接

（1）仅受预紧力 F_0 的紧螺栓联接

强度条件为

$$\sigma=\frac{1.3F_0}{\frac{\pi d_1^2}{4}}=\frac{5.2F_0}{\pi d_1^2}\leqslant[\sigma] \tag{4-3}$$

设计公式为
$$d_1 \geqslant \sqrt{\frac{5.2F_0}{\pi[\sigma]}} \tag{4-4}$$

（2）受预紧力和工作拉力的紧螺栓联接

强度条件为
$$\sigma = \frac{1.3\Sigma F}{\frac{\pi d_1^2}{4}} = \frac{5.2\sum F}{\pi d_1^2} \leqslant [\sigma] \tag{4-5}$$

式中 ΣF——螺栓杆所受总轴向力（N）。

设计公式为
$$d_1 \geqslant \sqrt{\frac{5.2\Sigma F}{\pi[\sigma]}} \tag{4-6}$$

3. 受剪螺栓的强度计算

受剪螺栓联接如图 4-8 所示。螺栓杆的剪切强度条件为
$$\tau = \frac{F_R}{n\frac{\pi d_s^2}{4}} \leqslant [\tau] \tag{4-7}$$

设计公式为
$$d_s \geqslant \sqrt{\frac{4F_R}{n\pi[\tau]}} \tag{4-8}$$

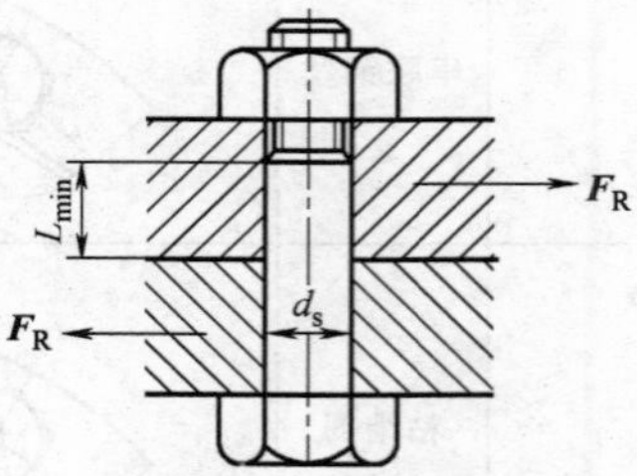

图 4-8 受剪螺栓联接

式中 F_R——螺栓所受剪力（N）；

n——螺栓抗剪面数目；

d_s——螺栓抗剪面直径（mm）；

$[\tau]$——螺栓材料的许用切应力（MPa）。

螺栓杆与孔壁接触面的挤压强度条件为
$$\sigma_p = \frac{F_R}{nd_sL_{min}} \leqslant [\sigma_p] \tag{4-9}$$

式中 L_{min}——螺栓与孔壁挤压面的最小高度（mm）；

$[\sigma_p]$——螺栓或孔壁材料的许用挤压应力（MPa）。

三	螺栓组联接结构设计

螺栓组联接结构设计应注意以下问题：

1. 在联接接合面上合理地布置螺栓

1）为了使接合面受力比较均匀，螺栓在接合面上应对称分布。

2）为了便于画线钻孔，螺栓应布置在同一圆周上，并取易于等分圆周的螺栓个数，如 3、4、6、8、12 等。

3）为了防止螺栓受载严重不均，沿外力作用方向不宜成排地布置 8 个以上的螺栓。

4）为了便于制造和装配，同一螺栓组的螺栓不论其受力大小，均应采用同样的材料和规格。

2. 螺栓联接应有合理的结构

1）为了装拆方便，应留必要的空间，如螺栓与箱体、螺栓与螺栓间的扳手空间。

2）为了联接可靠，避免产生附加载荷，螺栓头、螺母与被联接件的接触表面均应平整，并保证螺栓轴线与接触面垂直。为此常将被联接件支承面制成凸台与凹坑。有的场合还采用斜面垫圈或球面垫圈。

3）螺栓联接的螺纹余留长度、螺纹旋入深度、内螺纹余留长度、钻孔深度及螺栓轴线到被联接件边缘的距离等尺寸应符合标准要求。

4）对于承受横向载荷较大的螺栓组，可采用减载装置承受部分横向载荷。

5）进行螺栓组的结构设计时，在综合考虑以上各点的同时，还要根据螺栓联接的工作条件合理地选择防松装置。

4.1.3 计划

根据任务内容制订小组任务计划，简要说明任务实施过程的步骤及注意事项，将计划内容等填入螺纹联接的设计与选用计划单，见表4-4。

表4-4 螺纹联接的设计与选用计划单

学习领域	机械设计与应用			
学习情境4	常用联接件的设计与选用		学时	18学时
任务1	螺纹联接的设计与选用		学时	8学时
计划方式	由小组讨论制订完成本小组实施计划			
序号	实施步骤		使用资源	
制订计划说明				
计划评价	评语：			
班级		第　　组	组长签字	
教师签字			日期	

4.1.4 决策

各小组之间讨论工作计划的合理性和可行性，选定合适的工作计划，进行决策，填写螺纹联接的设计与选用决策单，见表4-5。

表4-5 螺纹联接的设计与选用决策单

<table>
<tr><td>学习领域</td><td colspan="6">机械设计与应用</td></tr>
<tr><td>学习情境4</td><td colspan="4">常用联接件的设计与选用</td><td>学时</td><td>18学时</td></tr>
<tr><td>任务1</td><td colspan="4">螺纹联接的设计与选用</td><td>学时</td><td>8学时</td></tr>
<tr><td colspan="5">方案讨论</td><td>组号</td><td></td></tr>
<tr><td rowspan="16">方案决策</td><td>组别</td><td>步骤顺序性</td><td>步骤合理性</td><td>实施可操作性</td><td>选用工具合理性</td><td>原因说明</td></tr>
<tr><td>1</td><td></td><td></td><td></td><td></td><td></td></tr>
<tr><td>2</td><td></td><td></td><td></td><td></td><td></td></tr>
<tr><td>3</td><td></td><td></td><td></td><td></td><td></td></tr>
<tr><td>4</td><td></td><td></td><td></td><td></td><td></td></tr>
<tr><td>5</td><td></td><td></td><td></td><td></td><td></td></tr>
<tr><td>1</td><td></td><td></td><td></td><td></td><td></td></tr>
<tr><td>2</td><td></td><td></td><td></td><td></td><td></td></tr>
<tr><td>3</td><td></td><td></td><td></td><td></td><td></td></tr>
<tr><td>4</td><td></td><td></td><td></td><td></td><td></td></tr>
<tr><td>5</td><td></td><td></td><td></td><td></td><td></td></tr>
<tr><td>1</td><td></td><td></td><td></td><td></td><td></td></tr>
<tr><td>2</td><td></td><td></td><td></td><td></td><td></td></tr>
<tr><td>3</td><td></td><td></td><td></td><td></td><td></td></tr>
<tr><td>4</td><td></td><td></td><td></td><td></td><td></td></tr>
<tr><td>5</td><td></td><td></td><td></td><td></td><td></td></tr>
<tr><td>方案评价</td><td colspan="6">评语：（根据组内的决策，对照计划进行修改并说明修改原因）</td></tr>
<tr><td>班级</td><td></td><td>组长签字</td><td></td><td>教师签字</td><td></td><td>月　日</td></tr>
</table>

4.1.5 实施

1. 实施准备

任务实施准备主要有场地准备、教学仪器（工具）准备、资料准备，见表4-6。

表4-6 螺纹联接的设计与选用实施准备

场地准备	教学仪器（工具）准备	资料准备
机械设计实训室	压力机减速器、绘图工具、计算器	1. 李敏. 机械设计与应用. 北京：机械工业出版社，2010。 2. 封立耀. 机械设计基础实例教程. 北京：北京航空航天大学出版社，2007。 3. 胡家秀. 简明机械零件设计实用手册（第2版）. 北京：机械工业出版社，2012。 4. 压力机使用说明书。 5. 压力机安全技术操作规程。 6. 机械设计技术要求。

2. 实施任务

依据计划步骤实施任务，并完成作业单的填写。螺纹联接的设计与选用作业单见表4-7。

表4-7 螺纹联接的设计与选用作业单

学习领域	机械设计与应用		
学习情境4	常用联接件的设计与选用	学时	18学时
任务1	螺纹联接的设计与选用	学时	8学时
作业方式	小组分析，个人解答，现场批阅，集体评判		
1	分析压力机减速器中联接的类型和各种联接的作用。		
作业解答：			

2	选择压力机减速器中联接箱体与箱盖的螺纹联接。工作条件：减速器重量为30kN，减速器输入功率为7.28kW，输入转速为720r/min。

作业解答：

作业评价：

班级		组别		组长签字	
学号		姓名		教师签字	
教师评分		日期			

4.1.6 检查评价

学生完成本学习任务后，应展示的结果有完成的计划单、决策单、作业单、检查单、评价单。

1. 螺纹联接的设计与选用检查单（表4-8）

表4-8　螺纹联接的设计与选用检查单

学习领域	机械设计与应用			
学习情境4	常用联接件的设计与选用		学时	18学时
任务1	螺纹联接的设计与选用		学时	8学时
序号	检查项目	检查标准	学生自查	教师检查
1	任务书阅读与分析能力，正确理解及描述目标要求	准确理解任务要求		
2	与同组同学协商，确定人员分工	较强的团队协作能力		
3	资料的查阅、分析和归纳能力	较强的资料检索能力和分析总结能力		
4	常用螺纹联接的选择能力	螺纹联接的类型和尺寸选择正确		
5	安全生产与环保	符合“5S”要求		
6	设计缺陷的分析诊断能力	问题判断准确，缺陷处理得当		
检查评价	评语：			
班级		组别		组长签字
教师签字			日期	

2. 螺纹联接的设计与选用评价单（表4-9）

表4-9　螺纹联接的设计与选用评价单

学习领域	机械设计与应用				
学习情境4	常用联接件的设计与选用学时			学时	18学时
任务1	螺纹联接的设计与选用			学时	8学时
评价类别	评价项目	子项目	个人评价	组内互评	教师评价
专业能力（60%）	资讯（8%）	搜集信息（4%）			
		引导问题回答（4%）			

专业能力（60%）	计划（5%）	计划可执行度（5%）						
	实施（12%）	工作步骤执行（3%）						
		功能实现（3%）						
		质量管理（2%）						
		安全保护（2%）						
		环境保护（2%）						
	检查（10%）	全面性、准确性（5%）						
		异常情况排除（5%）						
	过程（15%）	使用工具规范性（7%）						
		操作（分析设计）过程规范性（8%）						
	结果（5%）	结果质量（5%）						
	作业（5%）	作业质量（5%）						
社会能力（20%）	团结协作（10%）	对小组的贡献（5%）						
		小组合作配合状况（5%）						
	敬业精神（10%）	吃苦耐劳精神（5%）						
		学习纪律性（5%）						
方法能力（20%）	计划能力（10%）							
	决策能力（10%）							
评价评语	评语：							
班级		组别		学号		总评		
教师签字		组长签字		日期				

4.1.7 实践中常见问题解析

螺栓联接的选用，因选用前还不知道螺栓的直径，因此无法查取安全系数 S，故采用试算法。可根据工作经验和载荷大小先假设螺栓直径的范围，然后查取安全系数 S，确定许用应力，计算出螺栓的直径。如果螺栓的直径在假设螺栓直径的范围内，则所选螺栓合适；如果螺栓的直径不在假设螺栓直径的范围内，则必须重新假设螺栓直径的范围，再进行选择。

4.1.8 拓展训练

训练项目：立式钻床中立柱螺纹联接的设计与选用

训练目的

- ●掌握螺纹联接的基本知识。
- ●掌握螺纹联接的选用与设计方法。
- ●培养学生创新思维能力的形成。

训练要点

- ● 能够分析螺纹联接的工作原理和特点。
- ●能够根据工作要求正确设计与选用螺纹联接。
- ● 培养学生对实际问题独立分析和解决的能力。

设备和工具

立式钻床、机械设计手册、计算器。

预习要求

预习螺纹联接的类型和结构特点、螺纹联接的结构设计、螺栓组受力分析、螺纹联接的设计与选用方法。

训练题目

完成立式钻床中立柱螺纹联接的设计与选用。已知工作条件和参数：立柱下端采用螺栓组联接，如图4-9所示，立柱所受钻头工作时向下的轴向力为4000N，立柱本身自重为500N。可以考虑按轴向负载设计螺栓直径，然后将直径增大20%作为钻头工作时对立柱产生的弯矩影响。

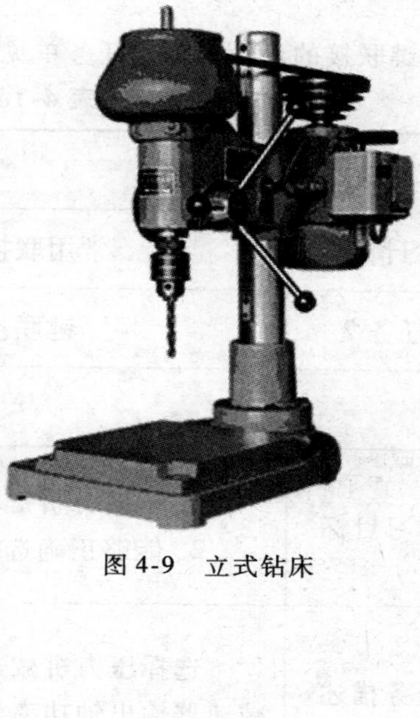

图 4-9 立式钻床

计算步骤

1. 螺纹联接类型选择

因立柱受钻头工作时向下的轴向力，所以选择普通螺栓联接。

2. 螺栓组联接所受的总轴向力

$$F_Q = 4000\text{N} + 500\text{N} = 4500\text{N}$$

3. 单个螺栓所受轴向力 F

采用螺栓数目为4，则单个螺栓所受轴向力为

$$F = \frac{F_Q}{z} = \frac{4500\text{N}}{4} = 1125\text{N}$$

4. 工作时单个螺栓所受的总拉力 F_Σ 为

$$F_\Sigma = F + F' = F + 0.8F = 1.8F = 2025\text{N}$$

单个螺栓所受的总拉力 F_Σ 等于轴向力 F 与残余预紧力 F' 之和，当 F 有变化时，F' 可取 $(0.6 \sim 1.0)F$，本题 F' 取 $0.8F$。

5. 螺栓许用应力

螺栓材料选为 Q235，当螺栓直径未知时，安全系数不能确定，因此采用试算法，假设螺栓直径为 M6 ~ M16，查技术手册，得 $\sigma_s = 240\text{MPa}$，$S = 3$。

则螺栓许用应力 $[\sigma] = \frac{\sigma_s}{S} = 240\text{MPa}/3 = 80\text{MPa}$

6. 螺栓直径

$$d_1 \geqslant \sqrt{\frac{4 \times 1.3F_\Sigma}{\pi[\sigma]}} = \sqrt{\frac{4 \times 1.3 \times 2025}{3.14 \times 80}}\text{mm} = 6.48\text{mm}$$

查设计手册，螺栓公称直径为 M8，与假设螺栓直径为 M6 ~ M16 相符。

故选择 4 个 M8 的普通螺栓联接。

任务 4.2　键联接的设计与选用

4.2.1　任务描述

键联接的设计与选用任务单见表 4-10。

表 4-10　键联接的设计与选用任务单

学习领域	机械设计与应用		
学习情境 4	常用联接件的设计与选用	学时	18 学时
任务 2	键联接的设计与选用	学时	6 学时
布置任务			
学习目标	1. 能够分析键联接的类型、特点和应用。 2. 能够正确选择键联接。		
任务描述	选择压力机减速器输出轴与齿轮之间的键联接（图 4-10）。工作参数：减速器输出轴功率为 6.77kW，输出轴转速为 232r/min。		

<table>
<tr><td>任务描述</td><td colspan="6">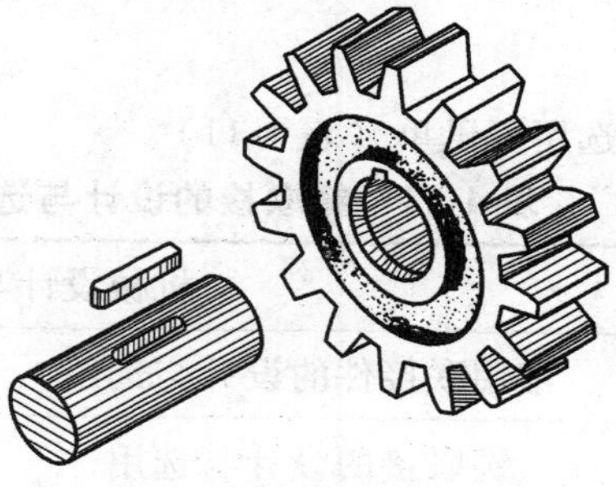
图 4-10　轴与齿轮的键联接</td></tr>
<tr><td>任务分析</td><td colspan="6">回转零件与轴之间主要靠键联接来达到传递运动和转矩的目的。压力机减速器输出轴与齿轮之间采用键联接，如图 4-10 所示。具体任务如下：
1. 分析键联接的类型、特点和应用。
2. 选择普通平键联接的尺寸并进行键的强度校核。</td></tr>
<tr><td>学时安排</td><td>资讯
2 学时</td><td>计划
0.5 学时</td><td>决策
0.5 学时</td><td>实施
2 学时</td><td>检查
0.5 学时</td><td>评价
0.5 学时</td></tr>
<tr><td>提供资料</td><td colspan="6">1. 胡家秀. 简明机械零件设计实用手册（第 2 版）. 北京：机械工业出版社，2012。
2. 李敏. 机械设计与应用. 北京：机械工业出版社，2010。
3. 封立耀. 机械设计基础实例教程. 北京：北京航空航天大学出版社，2007。
4. 孟玲琴. 机械设计基础课程设计. 北京：北京理工大学出版社，2013。
5. 压力机使用说明书。
6. 压力机安全技术操作规程。
7. 机械设计技术要求。</td></tr>
<tr><td>对学生的要求</td><td colspan="6">1. 能对任务书进行分析，能正确理解和描述目标要求。
2. 具有独立思考、善于提问的学习习惯。
3. 具有查询资料和市场调研能力，具备严谨求实和开拓创新的学习态度。
4. 能执行企业“5S”质量管理体系要求，具备良好的职业意识和社会能力。
5. 具备一定的观察理解和判断分析能力。
6. 具有团队协作、爱岗敬业的精神。
7. 具有一定的创新思维和勇于创新的精神。
8. 按时、按要求上交作业，并列入考核成绩。</td></tr>
</table>

4.2.2 资讯

1. 键联接的设计与选用资讯单（表 4-11）

表 4-11 键联接的设计与选用资讯单

学习领域	机械设计与应用		
学习情境 4	常用联接件的设计与选用	学时	18 学时
任务 2	键联接的设计与选用	学时	6 学时
资讯方式	实物、参考资料		
资讯问题	1. 常用键联接有哪些类型？ 2. 平键联接有哪些类型？ 3. 如何选择平键联接的类型？ 4. 键联接的特点是什么？ 5. 如何选择减速器齿轮与轴之间的键联接？		
资讯引导	1. 问题 1 可参考信息单信息资料第一部分内容和李敏主编的《机械设计与应用》第 244—246 页。 2. 问题 2 可参考信息单信息资料第一部分内容和李敏主编的《机械设计与应用》第 244—246 页。 3. 问题 3 可参考信息单信息资料第二部分内容和李敏主编的《机械设计与应用》第 244—246 页。 4. 问题 4 可参考信息单信息资料第一部分内容和李敏主编的《机械设计与应用》第 244—246 页。 5. 问题 5 可参考信息单信息资料第二部分内容和李敏主编的《机械设计与应用》第 247—248 页。		

2. 键联接的设计与选用信息单（表 4-12）

表 4-12 键联接的设计与选用信息单

学习领域	机械设计与应用		
学习情境 4	常用联接件的设计与选用	学时	18 学时
任务 2	键联接的设计与选用	学时	6 学时
序号	信息资料		
一	键联接的类型		
键联接分为松键联接和紧键联接两大类。 松键联接包括平键联接、半圆键联接，紧键联接包括楔键联接和切向键联接。			

（1）平键联接　平键联接具有结构简单、装拆方便、对中性好等优点，故应用最广。平键又可分为普通平键、导向平键和滑键。

普通平键的两侧面为工作面，工作时靠键与键槽侧面的挤压传递运动和转矩。按照键的端部形状，普通平键可分为 A 型（圆头）、B 型（方头）、C 型（半圆头）三类，如图 4-11 所示。

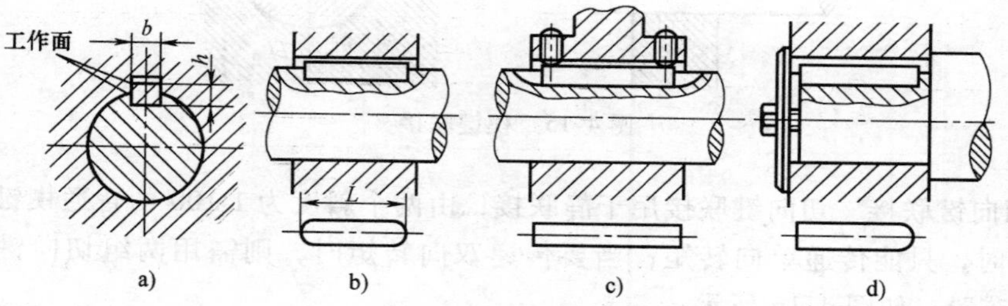

图 4-11　普通平键联接

a）工作面　b）A 型普通平键　c）B 型普通平键　d）C 型普通平键

导向平键和滑键用于动联接，当轮毂与轴之间有轴向相对移动时，可采用导向平键（图 4-12）或滑键（图 4-13），当轴上零件要做较大的轴向移动时，宜采用滑键。

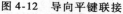

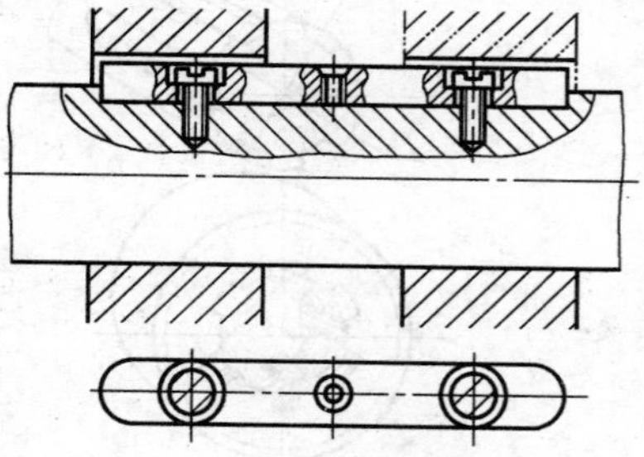

图 4-12　导向平键联接

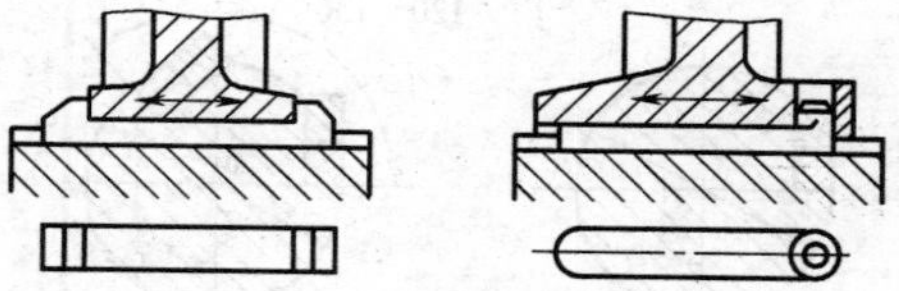

图 4-13　滑键联接

（2）半圆键联接　半圆键用于静联接，键的侧面为工作面。半圆键联接的优点是工艺性较好，装配方便，缺点是轴上键槽较深，对轴的强度削弱较大，故主要用于轻载和锥形轴端的联接。半圆键联接如图 4-14 所示。

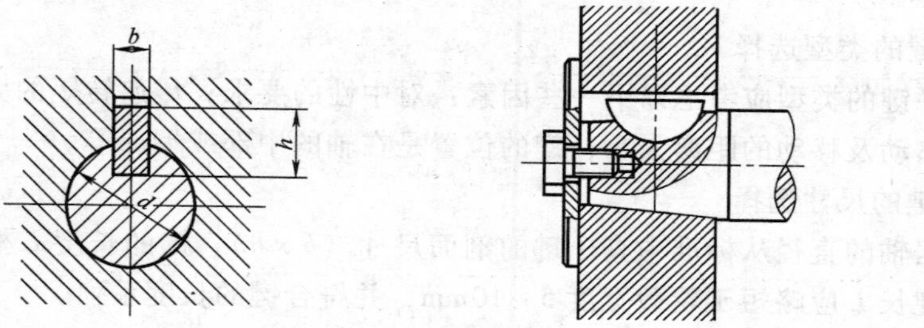

图 4-14　半圆键联接

（3）楔键联接　楔键分为普通楔键和钩头型楔键两种，普通楔键又分圆头和方头两种。钩头型楔键便于拆装，如果用在轴端，为了安全，应加防护罩。楔键联接如图 4-15 所示。

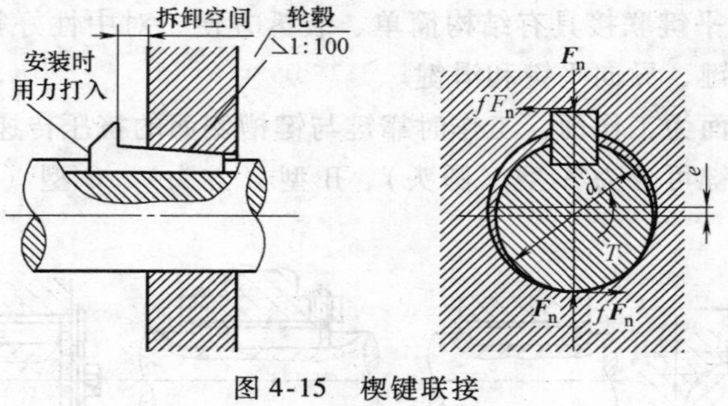

图 4-15　楔键联接

（4）切向键联接　切向键联接用于静联接，由两个斜度为 1:100 的普通楔键组成。用一组切向键时，只能传递单向转矩；当要传递双向转矩时，则需用两组切向键，并互成 120°～130°布置，如图 4-16 所示。

（5）花键联接　花键联接的工作面为花键齿的侧面，依靠外花键与内花健的齿侧面的挤压传递转矩。由于多键齿传递载荷，所以它比平键联接的承载能力高，对中性和导向性好；由于键槽浅，齿根应力集中小，故对轴的强度削弱小。花键联接如图 4-17 所示。

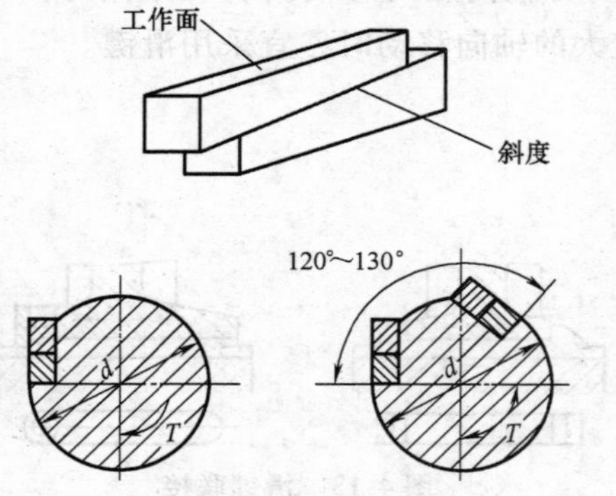

图 4-16　切向键联接

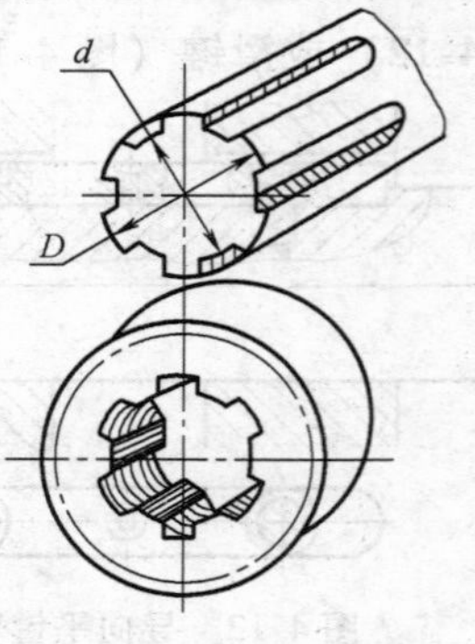

图 4-17　花键联接

二　平键联接的选择

平键属于标准件，在进行平键联接选择时，先选择键的类型和尺寸，然后进行强度校核。

1. 平键的类型选择

选择平键的类型应考虑以下一些因素：对中性的要求；传递转矩的大小；轮毂是否需要沿轴向移动及移动的距离大小；键的位置是在轴的中部或端部等。

2. 平键的尺寸选择

先根据轴的直径从标准中查出键的剖面尺寸（$b \times h$），键的长度 L 根据轮毂的宽度确定，一般键长 L 应略短于轮毂宽度 5～10mm，并符合键的长度系列。

3. 平键的强度计算

一般键的剪切强度足够，用于静联接的普通平键主要失效形式是工作面的压溃，应校核联接的挤压强度；对于滑键、导向平键的动联接，主要失效形式是工作面的磨损，应校核联接的最大压强。强度条件为

静联接 $$\sigma_p=\frac{4T}{dhl}\leqslant[\sigma_p] \tag{4-10}$$

动联接 $$p=\frac{4T}{dhl}\leqslant[p] \tag{4-11}$$

式中 T——传递的转矩（N·mm）；

d——轴的直径（mm）；

h——键的高度（mm）；

l——键的工作长度（mm）；

$[\sigma_p]$——键、轴、轮毂中最弱材料的许用挤压应力（MPa）；

$[p]$——键、轴、轮毂中最弱材料的许用压强（MPa）。

4.2.3 计划

根据任务内容制订小组任务计划，简要说明任务实施过程的步骤及注意事项，将计划内容等填入键联接的设计与选用计划单，见表4-13。

表4-13 键联接的设计与选用计划单

学习领域	机械设计与应用			
学习情境4	常用联接件的设计与选用		学时	18学时
任务2	键联接的设计与选用		学时	6学时
计划方式	由小组讨论制订完成本小组实施计划			
序号	实施步骤		使用资源	
制订计划说明				
计划评价	评语：			
班级		第　组	组长签字	
教师签字			日期	

4.2.4 决策

各小组之间讨论工作计划的合理性和可行性，选定合适的工作计划，进行决策，填写键联接的设计与选用决策单，见表 4-14。

表 4-14 键联接的设计与选用决策单

学习领域	机械设计与应用					
学习情境 4	常用联接件的设计与选用				学时	18 学时
任务 2	键联接的设计与选用				学时	6 学时
方案讨论					组号	
方案决策	组别	步骤顺序性	步骤合理性	实施可操作性	选用工具合理性	原因说明
	1					
	2					
	3					
	4					
	5					
	1					
	2					
	3					
	4					
	5					
	1					
	2					
	3					
	4					
	5					
方案评价	评语：（根据组内的决策，对照计划进行修改并说明修改原因）					
班级		组长签字		教师签字		月　日

4.2.5 实施

1. 实施准备

任务实施准备主要有场地准备、教学仪器（工具）准备、资料准备，见表4-15。

表4-15 键联接的设计与选用实施准备

场地准备	教学仪器（工具）准备	资料准备
机械设计实训室	压力机减速器、绘图工具、计算器	1. 李敏. 机械设计与应用. 北京：机械工业出版社，2010。 2. 封立耀. 机械设计基础实例教程. 北京：北京航空航天大学出版社，2007。 3. 胡家秀. 简明机械零件设计实用手册（第2版）. 北京：机械工业出版社，2012。 4. 压力机使用说明书。 5. 压力机安全技术操作规程。 6. 机械设计技术要求。

2. 实施任务

依据计划步骤实施任务，并完成作业单的填写。键联接的设计与选用作业单见表4-16。

表4-16 键联接的设计与选用作业单

学习领域	机械设计与应用		
学习情境4	常用联接件的设计与选用	学时	18学时
任务2	键联接的设计与选用	学时	6学时
作业方式	小组分析，个人解答，现场批阅，集体评判		
1	选择压力机减速器输出轴与齿轮之间的键联接。工作参数：减速器输出轴功率为6.77kW，低速轴转速为232r/min，轴的直径可参阅学习情境3中轴的设计结果，齿轮的宽度可参阅学习情境2中齿轮的设计结果。		
作业解答：			

作业评价：					
班级		组别		组长签字	
学号		姓名		教师签字	
教师评分		日期			

4.2.6 检查评价

学生完成本学习任务后，应展示的结果有完成的计划单、决策单、作业单、检查单、评价单。

1. 键联接的设计与选用检查单（表 4-17）

表 4-17 键联接的设计与选用检查单

学习领域	机械设计与应用			
学习情境 4	常用联接件的设计与选用		学时	18 学时
任务 2	键联接的设计与选用		学时	6 学时
序号	检查项目	检查标准	学生自查	教师检查
1	任务书阅读与分析能力，正确理解及描述目标要求	准确理解任务要求		
2	与同组同学协商，确定人员分工	较强的团队协作能力		
3	资料的查阅、分析和归纳能力	较强的资料检索能力和分析总结能力		
4	常用键联接的选择能力	键联接类型和尺寸选择正确		
5	安全生产与环保	符合“5S”要求		
6	设计缺陷的分析诊断能力	问题判断准确，缺陷处理得当		

检查评价	评语：				
班级		组别		组长签字	
教师签字				日期	

2. 键联接的设计与选用评价单（表4-18）

表4-18　键联接的设计与选用评价单

学习领域	机械设计与应用								
学习情境4	常用联接件的设计与选用			学时					18学时
任务2	键联接的设计与选用			学时					6学时
评价类别	评价项目	子项目	个人评价	组内互评					教师评价
专业能力（60%）	资讯（8%）	搜集信息（4%）							
		引导问题回答（4%）							
	计划（5%）	计划可执行度（5%）							
	实施（12%）	工作步骤执行（3%）							
		功能实现（3%）							
		质量管理（2%）							
		安全保护（2%）							
		环境保护（2%）							
	检查（10%）	全面性、准确性（5%）							
		异常情况排除（5%）							
	过程（15%）	使用工具规范性（7%）							
		操作（分析设计）过程规范性（8%）							
	结果（5%）	结果质量（5%）							
	作业（5%）	作业质量（5%）							

社会能力（20%）	团结协作（10%）	对小组的贡献（5%）							
		小组合作配合状况（5%）							
	敬业精神（10%）	吃苦耐劳精神（5%）							
		学习纪律性（5%）							
方法能力（20%）	计划能力（10%）								
	决策能力（10%）								
评价评语	评语：								
班级		组别		学号		总评			
教师签字		组长签字		日期					

4.2.7 实践中常见问题解析

键的选择包括类型选择和尺寸选择两个方面。键的类型应根据键联接的结构特点、使用要求和工作条件来选择；键的尺寸则按符合标准规格和强度要求来取定。键的主要尺寸为其截面尺寸和长度。普通平键的长度一般可按轮毂长定而定；导向平键则按轮毂及其滑动的距离而定。

4.2.8 知识拓展 销联接

销联接主要用来固定零件间的相互位置，构成可拆联接，也可用于轴与轮毂或其他零件的联接，以传递较小的载荷，有时还用做安全装置中的过载剪切元件。

销是标准件，其基本形式有圆柱销、圆锥销和异形销等。销的材料多为 35 钢、45 钢。

圆柱销靠微量的过盈固定在孔中，它不宜经常拆装，以免降低定位精度和联接的紧固性。只能传递不大的载荷。圆锥销具有 1:50 的锥度，小头直径为标准值。圆锥销安装方便，定位精度高，可多次装拆而不影响定位精度，应用较广。为确保销安装后不致松脱，圆锥销的尾端可制成开口的开尾圆锥销。为方便销的拆卸，圆锥销的上端也可做成带内、外螺纹的。异形销种类很多，开口销就是其中的一种，它常用半圆形低碳钢丝制成，工作可靠，多与其他结构一起构成联接，主要起防松作用。

任务 4.3 联轴器的设计与选用

4.3.1 任务描述

联轴器的设计与选用任务单见表 4-19。

表 4-19 联轴器的设计与选用任务单

<table>
<tr><td>学习领域</td><td colspan="6">机械设计与应用</td></tr>
<tr><td>学习情境 4</td><td colspan="3">常用联接件的设计与选用</td><td colspan="2">学时</td><td>18 学时</td></tr>
<tr><td>任务 3</td><td colspan="3">联轴器的设计与选用</td><td colspan="2">学时</td><td>4 学时</td></tr>
<tr><td colspan="7">布置任务</td></tr>
<tr><td>学习目标</td><td colspan="6">1. 能够分析联轴器的类型、特点和应用。
2. 能够根据工作条件正确选择联轴器。</td></tr>
<tr><td>任务描述</td><td colspan="6">选择压力机电动机轴和小带轮轴之间的联轴器（图 4-18）。工作条件：电动机功率 $P=7.5\text{kW}$，电机转速 $n_1=750\text{r/min}$。联接处输入轴的直径 $d_1=28\text{mm}$，输出轴的直径 $d_2=30\text{mm}$。

图 4-18 联轴器</td></tr>
<tr><td>任务分析</td><td colspan="6">联轴器为轴间联接件，是机械传动中的重要部件，其作用是联接两根轴，将一根轴的运动和动力传递给另一根轴。具体任务如下：
1. 分析联轴器的类型、特点和应用。
2. 根据工作条件选择联轴器。</td></tr>
<tr><td>学时安排</td><td>资讯
1 学时</td><td>计划
0.5 学时</td><td>决策
0.5 学时</td><td>实施
1 学时</td><td>检查
0.5 学时</td><td>评价
0.5 学时</td></tr>
<tr><td>提供资料</td><td colspan="6">1. 胡家秀. 简明机械零件设计实用手册（第 2 版）. 北京：机械工业出版社，2012。
2. 李敏. 机械设计与应用. 北京：机械工业出版社，2010。
3. 封立耀. 机械设计基础实例教程. 北京：北京航空航天大学出版社，2007。</td></tr>
</table>

提供资料	4. 孟玲琴. 机械设计基础课程设计. 北京：北京理工大学出版社，2013。 5. 压力机使用说明书。 6. 压力机安全技术操作规程。 7. 机械设计技术要求。
对学生的要求	1. 能对任务书进行分析，能正确理解和描述目标要求。 2. 具有独立思考、善于提问的学习习惯。 3. 具有查询资料和市场调研能力，具备严谨求实和开拓创新的学习态度。 4. 能执行企业“5S”质量管理体系要求，具备良好的职业意识和社会能力。 5. 具备一定的观察理解和判断分析能力。 6. 具有团队协作、爱岗敬业的精神。 7. 具有一定的创新思维和勇于创新的精神。 8. 按时、按要求上交作业，并列入考核成绩。

4.3.2 资讯

1. 联轴器的设计与选用资讯单（表 4-20）

表 4-20 联轴器的设计与选用资讯单

学习领域	机械设计与应用		
学习情境 4	常用联接件的设计与选用	学时	18 学时
任务 3	联轴器的设计与选用	学时	4 学时
资讯方式	学生根据教师给出的资讯引导进行查询解答		
资讯问题	1. 对联轴器有哪些性能上的要求？ 2. 联轴器有哪些常用类型？ 3. 刚性联轴器和弹性联轴器应用场合是什么？ 4. 如何选择联轴器？		
资讯引导	1. 问题 1 可参考信息单信息资料第一部分内容和李敏主编的《机械设计与应用》第 249—250 页。 2. 问题 2 可参考信息单信息资料第一部分内容和李敏主编的《机械设计与应用》第 251—252 页。 3. 问题 3 可参考信息单信息资料第一部分内容和李敏主编的《机械设计与应用》第 251—252 页。 4. 问题 4 可参考信息单信息资料第二部分内容和李敏主编的《机械设计与应用》第 251—253 页。		

2. 联轴器的设计与选用信息单（表4-21）

表4-21　联轴器的设计与选用信息单

学习领域	机械设计与应用		
学习情境4	常用联接件的设计与选用	学时	18学时
任务3	联轴器的设计与选用	学时	4学时
序号	信息资料		
一	联轴器的类型		

1. 联轴器性能要求

联轴器所联接的两轴，由于制造及安装误差、承载后变形、温度变化和轴承磨损等原因，不能保证严格对中，使两轴线之间出现相对位移，如果联轴器对各种位移没有补偿能力，工作中将会产生附加动载荷，使工作情况恶化。因此，要求联轴器具有补偿一定范围内两轴线相对位移量的能力。对于经常负载起动或工作载荷变化的场合，还要求联轴器安全、可靠，有足够的强度和使用寿命。

2. 联轴器分类

联轴器可分为刚性联轴器和挠性联轴器。刚性联轴器由刚性传力件组成，又可分为固定式联轴器和可移式联轴器两类。固定式刚性联轴器不能补偿两轴的相对位移，可移式刚性联轴器能补偿两轴的相对位移。

（1）刚性联轴器

1）凸缘联轴器。凸缘联轴器具有结构简单、价格低廉、使用方便等优点，可传递较大的转矩，常用于载荷平稳、两轴严格对中的联接，是刚性联轴器中应用最广泛的一种，如图4-19所示。

图4-19　凸缘联轴器

2）套筒联轴器。套筒联轴器结构简单、径向尺寸小、成本低，适用于两轴直径小、同轴度较高、轻载低速、载荷平稳场合。套筒联轴器如图4-20所示。

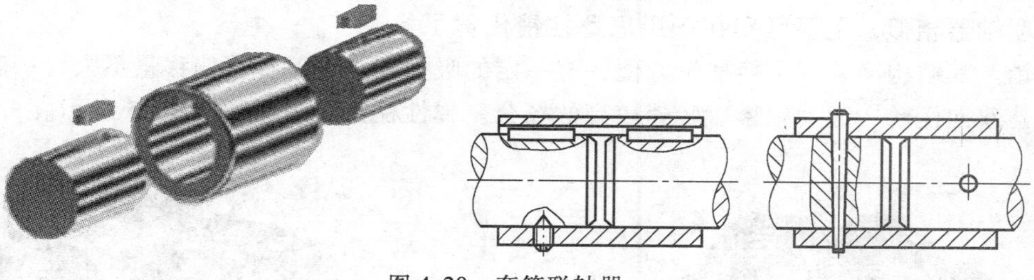

图4-20　套筒联轴器

（2）挠性联轴器。

1）无弹性元件挠性联轴器。

① 齿式联轴器。齿式联轴器能传递很大的转矩，又有较大的补偿偏移的能力，常用于重型机械，但结构笨重，造价高。齿式联轴器如图4-21所示。

图 4-21　齿式联轴器

② 滑块联轴器。滑块沿径向滑动可补偿径向偏移 Δy，还能补偿角偏移 $\Delta\alpha$，只用于低速。滑块联轴器如图 4-22 所示。

③ 万向联轴器。万向联轴器联接的两根轴的轴线间夹角最大可达 40°～50°，如图4-23所示。单个十字轴万向联轴器的主动轴做等角速转动时，其从动轴做变角速转动。为避免这种现象，可采用两个万向联轴器，使两次角速度变动的影响相互抵消，从而使主动轴与从动轴同步转动。但各轴相互位置必须满足：主动轴、从动轴与中间轴之间的夹角应相等，即 $\alpha_1 = \alpha_2$；中间轴两端叉面必须位于同一平面内万向联轴器。

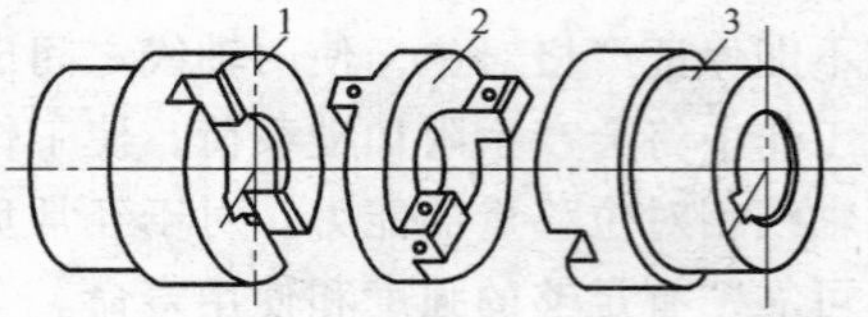

图 4-22　滑块联轴器

1、3—半联轴器；2—中间滑块

2）有弹性元件挠性联轴器。

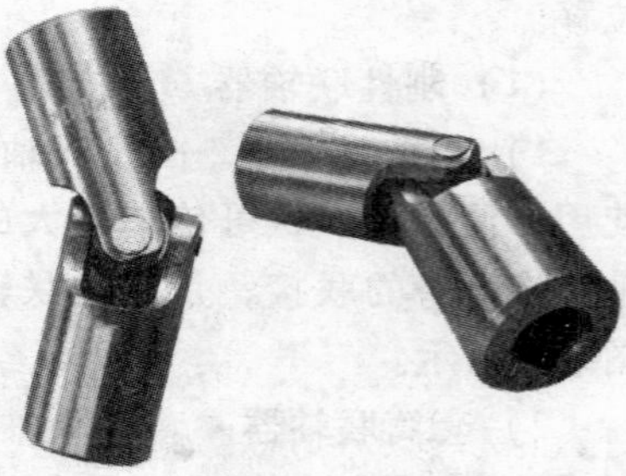

图 4-23　万向联轴器

① 弹性套柱销联轴器。弹性套柱销联轴器构造与凸缘联轴器相似，只是用套有弹性套的柱销代替了联接螺纹，利用弹性套的弹性变形来补偿两轴的相对位移。这种联轴器重量轻、结构简单、但弹性套易磨损、寿命较短，用于冲击载荷小、起动频繁的中、小功率传动中。弹性套柱销联轴器如图 4-24 所示。

② 弹性柱销联轴器。弹性柱销联轴器结构与弹性套柱销联轴器相似，主要区别在于用尼龙柱销代替了橡胶圈柱销。其结构简单、更换柱销方便，有一定的吸振能力，但补偿偏移量不大，一般用于轻载、双向运转、起动频繁、转速较高的场合。弹性柱销联轴器如图 4-25 所示。

图 4-24　弹性套柱销联轴器

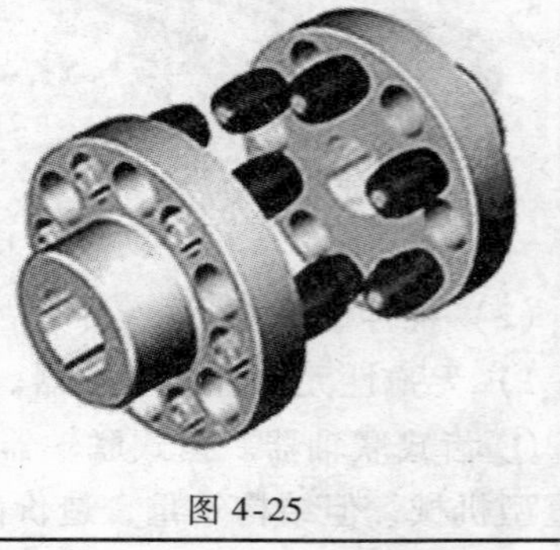

图 4-25

二	联轴器的选用

联轴器多已标准化，其主要性能参数为公称转矩 T_n、许用转速 $[n]$、位移补偿量和被联接轴的直径范围等。选用联轴器时，通常先根据使用要求和工作条件确定合适的类型，再按照转矩、轴径和转速选择联轴器的型号，必要时应校核其薄弱件的承载能力。

考虑工作机起动、制动、变速时的惯性力和冲击载荷等因素，应按计算转矩 T_c 选择联轴器。计算转矩 T_c 和公称转矩 T_n 之间的关系为

$$T_c \leqslant T_n$$

$$n \leqslant [n]$$

4.3.3 计划

根据任务内容制订小组任务计划，简要说明任务实施过程的步骤及注意事项。将计划内容等填入联轴器的设计与选用计划单，见表 4-22。

表 4-22 联轴器的设计与选用计划单

学习领域	机械设计与应用			
学习情境 4	常用联接件的设计与选用		学时	18 学时
任务 3	联轴器的设计与选用		学时	4 学时
计划方式	由小组讨论制订完成本小组实施计划			
序号	实施步骤			使用资源
制订计划说明				
计划评价	评语：			
班级		第　组	组长签字	
教师签字			日期	

4.3.4 决策

各小组之间讨论工作计划的合理性和可行性，选定合适的工作计划，进行决策，填写联轴器的设计与选用决策单，见表4-23。

表4-23 联轴器的设计与选用决策单

学习领域	机械设计与应用					
学习情境4	常用联接件的设计与选用				学时	18学时
任务3	联轴器的设计与选用				学时	4学时
方案讨论					组号	
方案决策	组别	步骤顺序性	步骤合理性	实施可操作性	选用工具合理性	原因说明
	1					
	2					
	3					
	4					
	5					
	1					
	2					
	3					
	4					
	5					
	1					
	2					
	3					
	4					
	5					
方案评价	评语：（根据组内的决策，对照计划进行修改并说明修改原因）					
班级		组长签字		教师签字		月　日

4.3.5　实施

1. 实施准备

任务实施准备主要有场地准备、教学仪器（工具）准备、资料准备，见表4-24。

表4-24　联轴器的设计与选用实施准备

场地准备	教学仪器（工具）准备	资料准备
机械设计实训室	压力机、扳手、计算器	1. 李敏．机械设计与应用．北京：机械工业出版社，2010。 2. 封立耀．机械设计基础实例教程．北京：北京航空航天大学出版社，2007。 3. 胡家秀．简明机械零件设计实用手册（第2版）．北京：机械工业出版社，2012。 4. 压力机使用说明书。 5. 压力机安全技术操作规程。 6. 机械设计技术要求。

2. 实施任务

依据计划步骤实施任务，并完成作业单的填写。联轴器的设计与选用作业单见表4-25。

表4-25　联轴器的设计与选用作业单

学习领域	机械设计与应用		
学习情境4	常用联接件的设计与选用	学时	18学时
任务3	联轴器的设计与选用	学时	4学时
作业方式	小组分析，个人解答，现场批阅，集体评判		
1	选择压力机电动机轴和小带轮轴之间的联轴器。工作条件：电动机功率 $P=7.5\mathrm{kW}$，电动机转速 $n_1=750\mathrm{r/min}$。联接处输入轴的直径 $d_1=28\mathrm{mm}$，输出轴的直径 $d_2=30\mathrm{mm}$。		
作业解答：			

作业评价：

班级		组别		组长签字	
学号		姓名		教师签字	
教师评分		日期			

4.3.6 检查评价

学生完成本学习任务后，应展示的结果有完成的计划单、决策单、作业单、检查单、评价单。

1. 键联接的设计与选用检查单（表4-26）

表4-26 键联接的设计与选用检查单

学习领域	机械设计与应用			
学习情境4	常用联接件的设计与选用		学时	18学时
任务3	联轴器的设计与选用		学时	4学时
序号	检查项目	检查标准	学生自查	教师检查
1	任务书阅读与分析能力，正确理解及描述目标要求	准确理解任务要求		
2	与同组同学协商，确定人员分工	较强的团队协作能力		
3	资料的查阅、分析和归纳能力	较强的资料检索能力和分析总结能力		
4	常用联轴器的选择能力	联轴器的类型和尺寸选择正确		
5	安全生产与环保	符合“5S”要求		
6	设计缺陷的分析诊断能力	问题判断准确，缺陷处理得当		
检查评价	评语：			
班级		组别		组长签字
教师签字			日期	

2. 联轴器的设计与选用评价单（表 4-27）

表 4-27　联轴器的设计与选用评价单

学习领域	机械设计与应用							
学习情境 4	常用联接件的设计与选用				学时			18 学时
任务 3	联轴器的设计与选用				学时			4 学时
评价类别	评价项目	子项目	个人评价	组内互评				教师评价
专业能力（60%）	资讯（8%）	搜集信息（4%）						
		引导问题回答（4%）						
	计划（5%）	计划可执行度（5%）						
	实施（12%）	工作步骤执行（3%）						
		功能实现（3%）						
		质量管理（2%）						
		安全保护（2%）						
		环境保护（2%）						
	检查（10%）	全面性、准确性（5%）						
		异常情况排除（5%）						
	过程（15%）	使用工具规范性（7%）						
		操作（分析设计）过程规范性（8%）						
	结果（5%）	结果质量（5%）						
	作业（5%）	作业质量（5%）						
社会能力（20%）	团结协作（10%）	对小组的贡献（5%）						
		小组合作配合状况（5%）						
	敬业精神（10%）	吃苦耐劳精神（5%）						
		学习纪律性（5%）						
方法能力（20%）	计划能力（10%）							
	决策能力（10%）							
评价评语	评语：							
班级		组别		学号		总评		
教师签字			组长签字		日期			

4.3.7 实践中常见问题解析

1. 联轴器的选择主要考虑所需传递轴转速的高低、载荷的大小、被联接两部件的安装精度、回转的平稳性、价格等，根据各类联轴器的特性，选择一种合适的联轴器类型。

2. 所选联轴器的型号应满足 $T_c \leqslant T_n$、$n \leqslant [n]$，且满足轴径的要求，才能确定所选联轴器合适。

4.3.8 知识拓展 离合器

由于离合器是在两轴工作过程中进行离合的，所以对离合器的基本要求为：工作可靠，接合、分离迅速而平稳；操纵灵活，调节和修理方便；结构简单，重量轻，尺寸小；有良好的散热能力和耐磨性。

常用的离合器有牙嵌离合器、圆盘摩擦离合器和安全离合器。

(1) 牙嵌离合器 如图 4-26 所示，牙嵌离合器由两个端面带牙的半离合器组成，其中半离合器 1 紧固轴上，而半离合器 2 可以沿导向平键 3 在另一根轴上移动。利用操纵杆移动滑环 4 可使两个半离合器接合或分离。为使两轴对中，在半离合器 1 中装有对中环 5，从动轴在对中环内可自由转动。

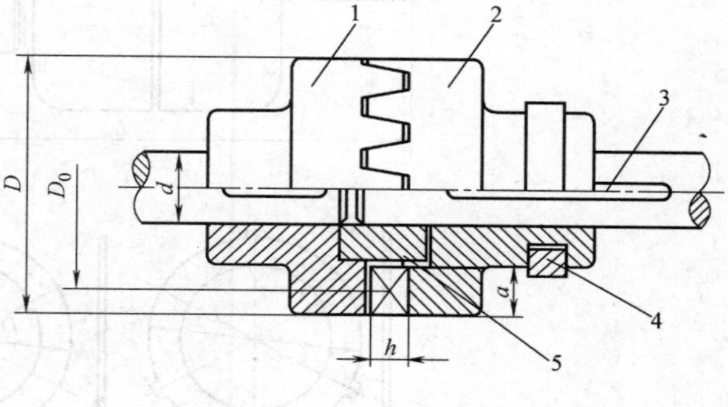

图 4-26 牙嵌离合器

1、2—半离合器 3—导向平键 4—滑环 5—对中环

(2) 圆盘摩擦离合器 圆盘摩擦离合器利用接合元件的工作表面的摩擦力来传递转矩，其主要特点是：接合平稳，可在任何转速下离合；但不能保持主、从动轴严格同步，接合时会产生摩擦热和磨损。圆盘摩擦离合器可分为单片离合器和多片离合器等。

1) 单片离合器。如图 4-27 所示，单片离合器结构简单，但径向尺寸大，而且只能传递不大的转矩，常用在轻型机械中。

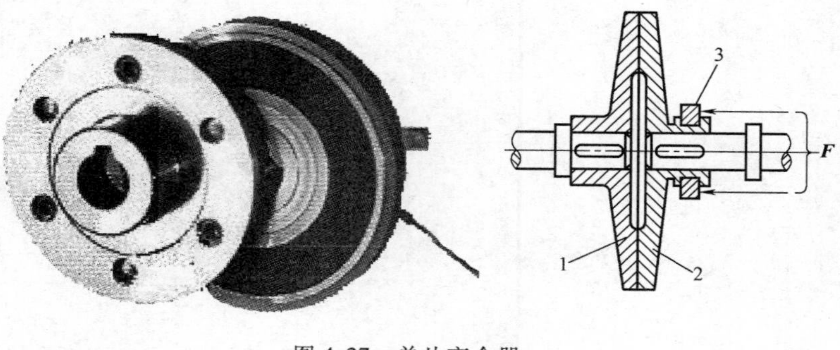

图 4-27 单片离合器

1、2—圆盘面 3—滑块

2) 多片离合器。多片离合器由于摩擦面的增多，传递转矩的能力显著增大，径向尺寸

相对减小，但结构复杂。与牙嵌离合器相比，摩擦离合器的优点为：在任何转速下都可接合；过载时摩擦面打滑，可保护其他零件；接合平稳，冲击和振动小。缺点为接合过程中，因相对滑动引起发热与磨损，故功耗明显。多片离合器如图 4-28 所示。

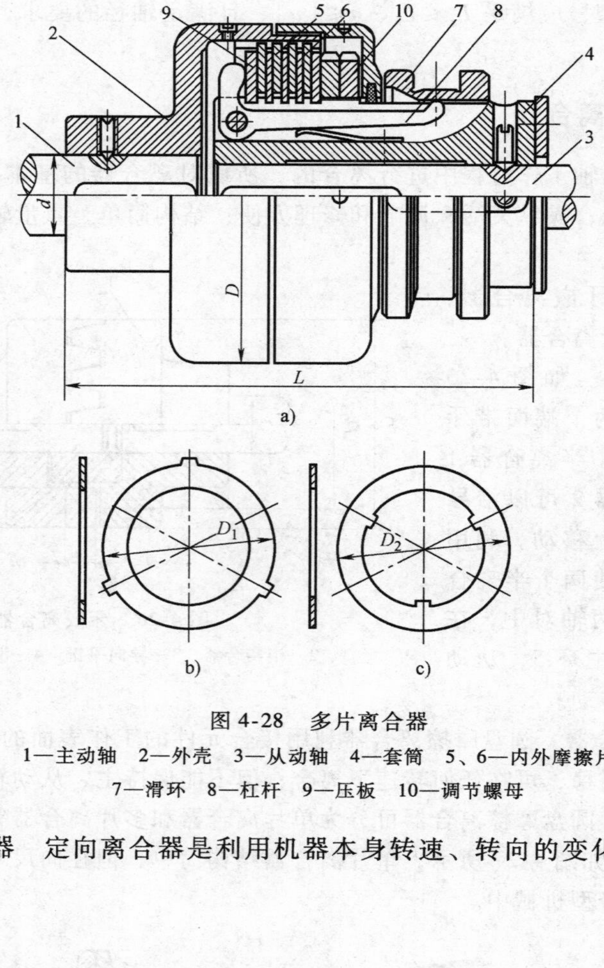

图 4-28 多片离合器

1—主动轴 2—外壳 3—从动轴 4—套筒 5、6—内外摩擦片

7—滑环 8—杠杆 9—压板 10—调节螺母

(3) 定向离合器 定向离合器是利用机器本身转速、转向的变化，来控制两轴离合的离合器。

学习情境5

机械系统方案设计

【学习目标】

通过机械系统方案设计训练，学生能够掌握机械系统方案设计过程和基于功能原理的执行系统方案设计方法，掌握执行机构形式设计原理和协调设计方法，掌握机械运动循环图的绘制方法，能够进行传动系统方案设计。

【学习任务】

1. 执行系统设计。
2. 传动系统设计。

【情境描述】

如图5-1所示，粉料压片成型机压片成型工艺动作分解如下：移动料筛至模具的型腔上方，将上一循环已经成型的片坯推出（卸料），并准备将粉料装入型腔（见图5-1a）；振动料筛，将粉料装入型腔（见图5-1b）；下冲头下沉一定深度，以防止冲头下压时将粉料扑出（见图5-1c）；上冲头下行，进入型腔（见图5-1d）；上冲头下压，下冲头上压，将粉料加压并保压一定时间（见图5-1e）；上冲头快速退出，下冲头随之将成型片坯推出型腔并停歇，待料筛推进到型腔上方时推出片坯，下冲头随之下移，开始下一循环（见图5-1f）。

利用粉料压片成型机的机械系统，使粉料压片成型整个工作过程（送料、压形、脱离）

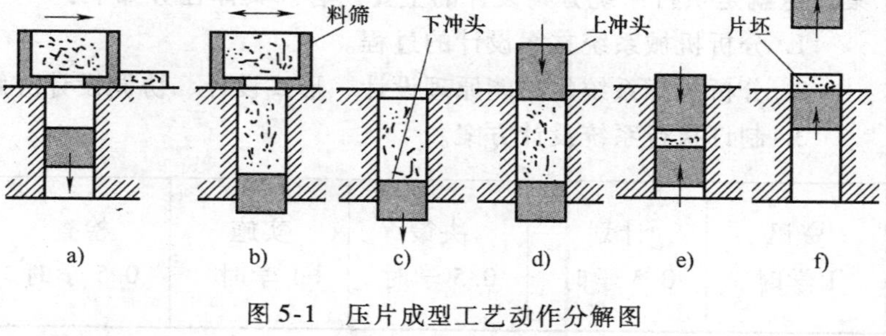

图5-1　压片成型工艺动作分解图

均自动完成。本学习情境要完成粉料压片成型机机械系统方案设计，所需设备（工具）和材料有粉料压片成型机及其使用说明书、计算器、多媒体等。学生分组制订工作计划并实施，完成执行系统设计和传动系统设计等任务，最终完成作业单中的工作内容，掌握机械系统方案设计方法，培养机械设计创新思维。

任务 5.1　执行系统设计

5.1.1　任务描述

执行系统设计任务单见表 5-1。

表 5-1　执行系统设计任务单

学习领域	机械设计与应用					
学习情境 5	机械系统方案设计				学时	8 学时
任务 1	执行系统设计				学时	4 学时
布置任务						
学习目标	1. 掌握机械系统方案设计的过程和具体内容。 2. 能够进行执行系统的功能原理设计。 3. 能够进行执行系统的形式设计和协调设计。					
任务描述	当根据生产工艺要求确定了机械的工作原理和各执行机械的运动规律，并确定了各执行机械的类型及驱动方式后，还必须将各执行机械统一为一个整体，形成一个完整的执行系统，使这些机械以一定的次序协调动作，互相配合，以完成机械预定的功能和生产过程。					
任务分析	要设计一部新的机器，首先应明确它的总功能，然后将总功能分解，使其成为一系列独立的工艺动作，并配置相应的运动规律，据此选择合适的执行机构，再进行各机构的运动协调设计，最后形成执行机构系统的运动方案，这就是执行系统方案设计的主要内容。具体任务如下： 1. 分析机械系统方案设计的过程。 2. 分析执行系统的功能原理设计、形式设计、协调设计应解决的问题。 3. 制订执行系统设计方案。					
学时安排	资讯 1 学时	计划 0.5 学时	决策 0.5 学时	实施 1 学时	检查 0.5 学时	评价 0.5 学时

提供资料	1. 胡家秀. 简明机械零件设计实用手册（第2版）. 北京：机械工业出版社，2012。 2. 李敏. 机械设计与应用. 北京：机械工业出版社，2010。 3. 封立耀. 机械设计基础实例教程. 北京：北京航空航天大学出版社，2007。 4. 孟玲琴. 机械设计基础课程设计. 北京：北京理工大学出版社，2013。 5. 粉料压片成型机使用说明书。 6. 粉料压片成型机安全技术操作规程。 7. 机械设计技术要求。
对学生的要求	1. 能对任务书进行分析，能正确理解和描述目标要求。 2. 具有独立思考、善于提问的学习习惯。 3. 具有查询资料和市场调研能力，具备严谨求实和开拓创新的学习态度。 4. 能执行企业“5S”质量管理体系要求，具备良好的职业意识和社会能力。 5. 具备一定的观察理解和判断分析能力。 6. 具有团队协作、爱岗敬业的精神。 7. 具有一定的创新思维和勇于创新的精神。 8. 按时、按要求上交作业，并列入考核成绩。

5.1.2 资讯

1. 执行系统设计资讯单（表5-2）

表5-2 执行系统设计资讯单

学习领域	机械设计与应用		
学习情境5	机械系统方案设计	学时	8学时
任务1	执行系统设计	学时	4学时
资讯方式	学生根据教师给出的资讯引导进行查询解答		
资讯问题	1. 机械设计的一般程序是什么？ 2. 机械系统由哪几部分组成？ 3. 如何进行运动方案设计？ 4. 如何进行机构选型？ 5. 如何进行执行机构的协调设计？		
资讯引导	1. 问题1可参考信息单信息资料第一部分内容和李敏主编的《机械设计与应用》第264—265页。 2. 问题2可参考信息单信息资料第一部分内容和李敏主编的《机械设计与应用》第264页。 3. 问题3可参考信息资料第二部分内容和李敏主编的《机械设计与应用》第266页。 4. 问题4可参考信息单信息资料第二部分内容和李敏主编的《机械设计与应用》第266—269页。 5. 问题5可参考信息单信息资料第三部分内容和李敏主编的《机械设计与应用》第270—272页。		

2. 执行系统设计信息单（表 5-3）。

表 5-3　执行系统设计信息单

学习领域	机械设计与应用		
学习情境 5	机械系统方案设计	学时	8 学时
任务 1	执行系统设计	学时	4 学时
序号	信息资料		
一	机械设计的程序要求		

1. 机械系统的组成

较为复杂的机械系统基本上是由图 5-2 所示的子系统构成。

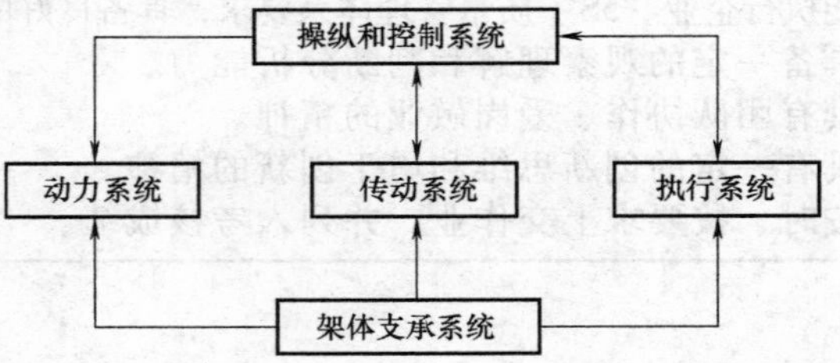

图 5-2　机械系统的组成

（1）动力系统　包括原动机及其配套装置，是机械系统的动力源，如内燃机、电动机、液压马达、气动马达等。

（2）执行系统　包括执行机构和执行构件，它的功能主要是利用机械能来改变作业对象的性质、状态、形状和位置，或对作业进行检测度量等。执行系统工作性能的好坏，直接影响整个系统的性能。

（3）传动系统　把原动机的动力和运动传递给执行系统的中间装置，主要有以下功能：①改变运动速度；②改变运动规律或改变运动的方向；③传递动力。

（4）操纵和控制系统　使原动机、传动系统和执行系统间彼此协调运动，并准确完成整机功能的装置。操纵系统多指通过人工操作实现上述要求的装置，包括起动、离合、制动、变速、换向等装置。控制系统是指通过人工操作或由测量元件获得的信号，经控制器使控制对象改变工作参数或运动状态的装置，如伺服机构、自动控制装置。

（5）架体支承系统　用于安装和支承动力系统、传动系统和操纵系统等的构件或部件。

此外，根据机械系统的功能要求还可有冷却、润滑、计数、行走等系统。

2. 机械设计的一般程序

机械设计的一般程序可分为规划设计、方案设计、技术设计、施工设计和试制投产等阶段，如图 5-3 所示。

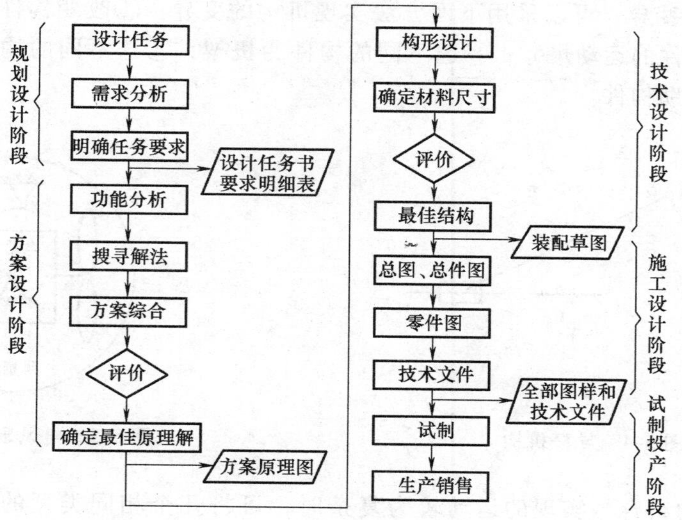

图 5-3　机械设计的程序

二	运动方案设计和机构形式设计

1. 运动方案设计

机械运动方案的确定应根据拟订的工作原理和工艺动作过程，构思出能够实现该工艺要求的各种运动规律，确定执行构件的数目、运动形式、运动参数，然后从中选取最为简单适用的运动规律。运动方案选择是否适当，直接关系到机械运动实现的可能性、整机的复杂程度以及机械的工作性能，对机械的设计质量具有决定性的影响。

（1）执行构件的数目　执行构件的数目取决于机械分功能或分动作的目的多少，但两者不一定相等，要针对机械的工艺过程及结构复杂性等进行具体分析。

（2）执行构件的运动形式和运动参数　执行构件的运动形式取决于要实现的工艺动作的运动要求。常见的运动形式有回转（或摆动）运动、直线运动、曲线运动及复合运动四种。前两种运动形式是最基本的，后两种则是简单运动的复合。

当执行构件的运动形式确定后，还要确定其运动参数，如直线运动的速度、行程及行程速度变化系数等。

2. 机构的形式设计

执行机构的形式设计是根据各基本动作或功能要求，选择或创造合适的机构形式来实现这些动作或运动规律。在进行机构形式设计时，设计者需要在熟悉各基本机构和常用机构的运动形式、功能特点、适用场合等基础上，综合考虑执行机构系统的运动要求、动力特性、机械效率、制造成本、外形尺寸等因素，通过机构组合或结构变异等创造构思出结构简单、性能优良、成本低廉的机构。这是一项极具创造性的工作。

（1）机构的选型　机构选型就是选择合适的机构形式，以实现机器所要求的各种执行动作和运动规律。机构的选型方法有：①按执行构件的运动形式选型；②按执行机构的功能选型。

（2）机构的变异　可以采用下面方法实现机构的变异：①改变构件的结构形状（图5-4)；②改变构件的运动尺寸；③选不同的构件为机架；④选不同的构件为原动件（图5-5)；⑤增加辅助构件。

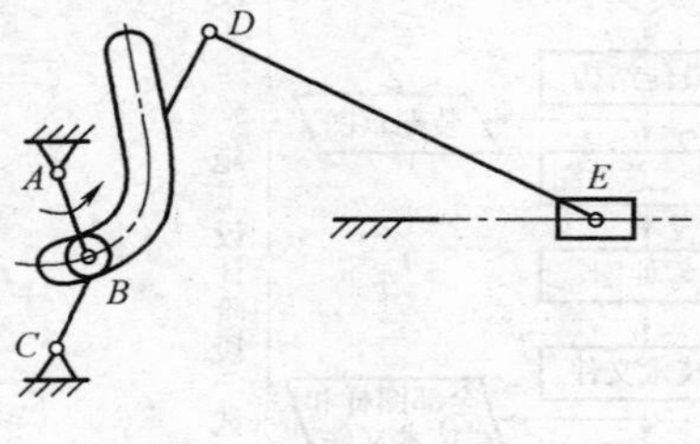

图 5-4　导杆机构

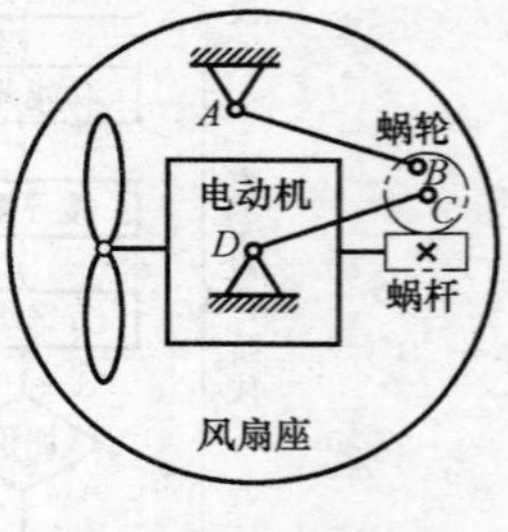

图 5-5　电风扇的摇头机构

（3）机构的组合　实现的运动较为复杂时，可将几个相同类型的或不同类型的基本机构组合起来，将基本机构能实现的简单运动经机构组合后合成为所需要的复杂运动。

1）串联式。串联式是将前一个基本机构的输出件与后一个基本机构的输入件固接在一起。其优点是可以改善单一基本机构的运动特性。如图 5-6 所示，一个对心曲柄滑块机构没有急回运动特性，而且工作行程中滑块的速度是变化的，如果要求有急回特性，便可将一曲柄摇杆机构的输出件 3 与一曲柄滑块机构（或摇杆滑块机构）的输入件 3′固接在一起，则该机构的输出件 6 便具有了急回特性。

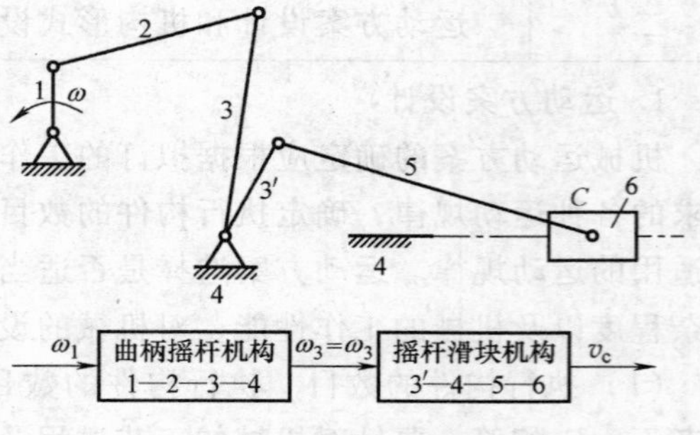

图 5-6　机构的串联

2）并联式。并联式是原动件的一个运动同时输入 n 个并列布置的单自由度基本机构，从而转换成 n 个输出运动；而这 n 个运动又输入给一个 n 自由度的基本机构，再合成为一个输出运动。

图 5-7 所示机构由定轴轮系和曲柄摇杆机构以及差动轮系 5—6—7—3—4 组成。该机构用两个并列的单自由度基本机构封闭了二自由度的差动轮系，故属于并联式组合方式。

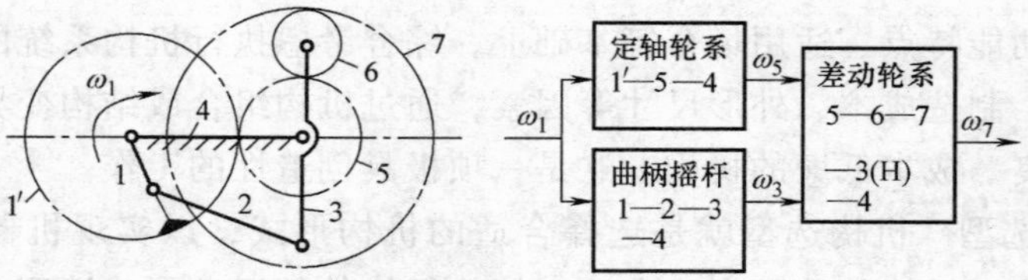

图 5-7　机构的并联

3）复合式。复合式是原动件的运动一方面传给一个单自由度基本机构并转换成一个运动后，再传给一个二自由度基本机构；同时，原动件将其运动直接传给该二自由度基本机构，而后者将输入的两个运动合成为一个运动输出。

4）反馈式。反馈式是原动件的运动先输入多自由度基本机构，该机构的一个输出运动经过一单自由度基本机构转换为另一运动后，又反馈给原来的多自由度基本机构。

图 5-8 所示机构由直动从动件槽形凸轮机构（附加机构）2′—3—4 和带有滑架 3 的蜗杆机构 1—2—4（基本机构）组合而成。其中槽形凸轮 2′和蜗轮 2 是一个构件，滑架 3 同时又是凸轮机构的从动件。蜗杆 1 既能绕自身轴线转动又能由滑架带着沿轴向移动，故该蜗杆机构实质是一个二自由度的高副四杆机构。机构工作时，蜗杆转动来自于原动件，沿轴线方向的移动通过凸轮机构从蜗轮反馈。

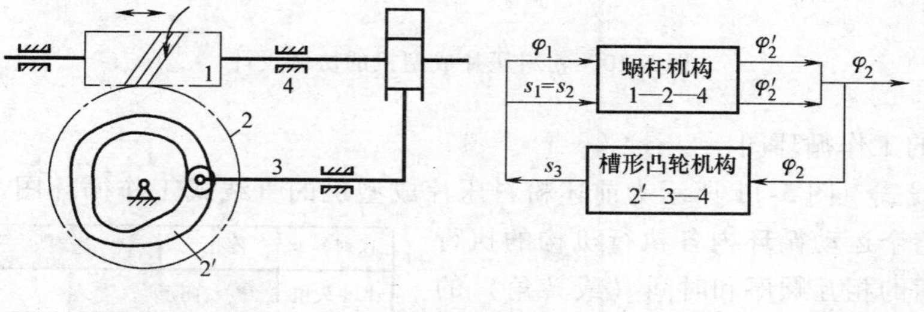

图 5-8　反馈式组合机构

1—蜗杆　2′—凸轮　2—蜗轮　3—滑架　4 机架

5）叠联式。图 5-9 所示的叠联式组合机构是由三个摆动液压缸机构（四连杆机构的一种演化机构）组成的液压挖掘机机构。

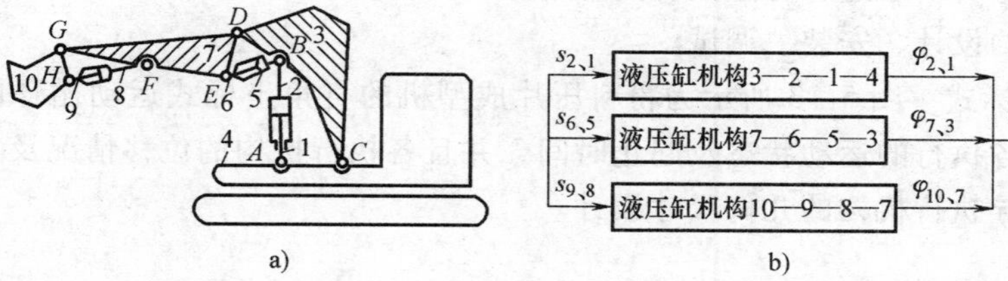

图 5-9　叠联式组合机构

三	执行机构的协调设计

1. 执行系统的运动协调设计

一部复杂的机械，通常由多个执行机构组合而成，各执行机构不仅要完成各自的执行动作，还必须以一定的次序协调动作，相互配合，以完成机器预期的功能要求。图 5-10 所示为粉料压片成型机的协调设计。

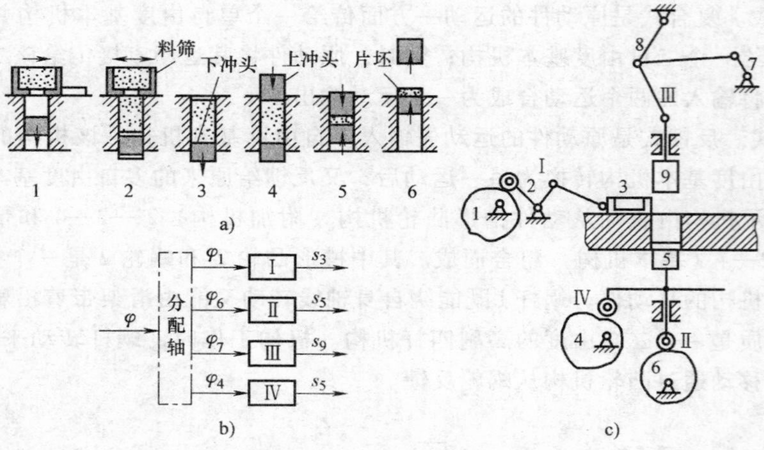

图 5-10 粉料压片成型机的协调设计

2. 机械的工作循环图

(1) 直线式 图 5-11 所示为前述粉料压片成型机的直线式工作循环图。其特点是能清楚地表示整个运动循环内各执行机构的执行构件行程之间的相互顺序和时间（或转角）的关系，并且绘制比较简单，但执行构件的运动规律无法显示，因而直观性较差。

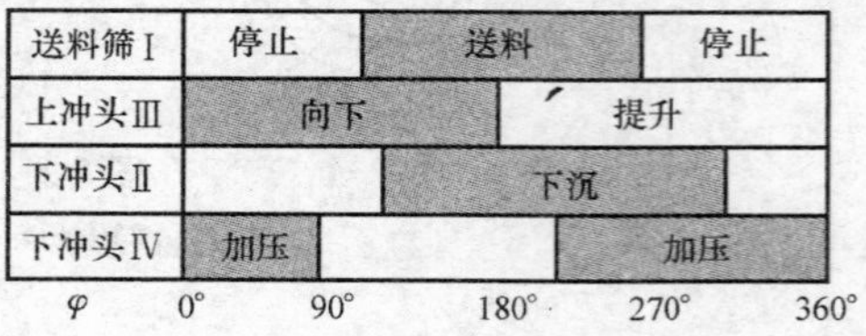

图 5-11 直线式工作循环图

(2) 圆周式 图 5-12 所示为粉料压片成型机的圆周式运动循环图。其特点是直观性较强，因为机器的运动循环通常是在分配轴转一周的过程中完成，所以通过它能直接看出各个执行机构原动件在分配轴上所处的相位，因而便于凸轮机构的设计、安装、调试。

(3) 直角坐标式 图 5-13 所示为粉料压片成型机的直角坐标式运动循环图。其特点是能清楚地看出各执行的运动状态及起止时间，并且各执行机构的位移情况及相互关系一目了然，便于指导执行机构的几何尺寸设计。

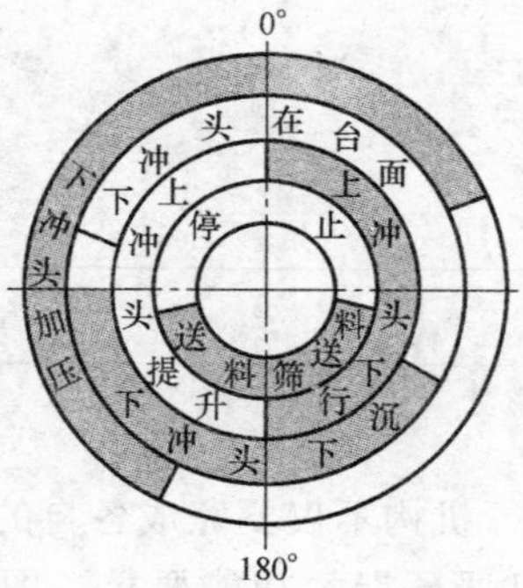

图 5-12 圆周式工作循环图

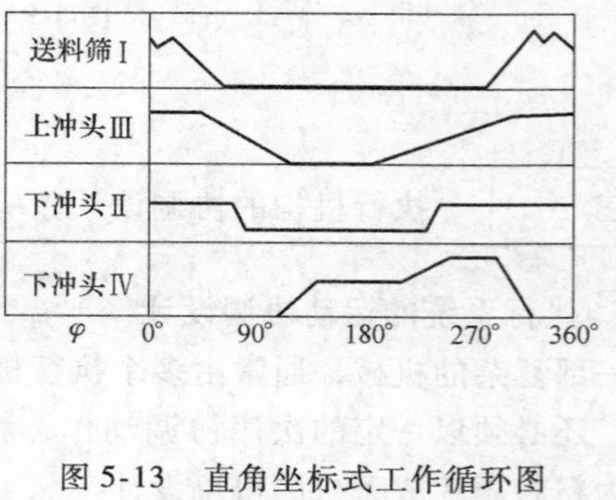

图 5-13 直角坐标式工作循环图

5.1.3 计划

根据任务内容制订小组任务计划，简要说明任务实施过程的步骤及注意事项，将计划内容等填入执行系统设计计划单，见表 5-4。

表 5-4 执行系统设计计划单

学习领域	机械设计与应用			
学习情境 5	机械系统方案设计		学时	8 学时
任务 1	执行系统设计		学时	4 学时
计划方式	由小组讨论制订完成本小组实施计划			
序号	实施步骤		使用资源	
制订计划说明				
计划评价	评语：			
班级		第　　组	组长签字	
教师签字			日期	

5.1.4 决策

各小组之间讨论工作计划的合理性和可行性，选定合适的工作计划，进行决策，填写执行系统设计决策单，见表5-5。

表5-5 执行系统设计决策单

学习领域	机械设计与应用					
学习情境5	机械系统方案设计				学时	8学时
任务1	执行系统设计				学时	4学时
方案讨论					组号	
方案决策	组别	步骤顺序性	步骤合理性	实施可操作性	选用工具合理性	原因说明
	1					
	2					
	3					
	4					
	5					
	1					
	2					
	3					
	4					
	5					
	1					
	2					
	3					
	4					
	5					
方案评价	评语：（根据组内的决策，对照计划进行修改并说明修改原因）					
班级		组长签字		教师签字		月 日

5.1.5 实施

1. 实施准备

任务实施准备主要有场地准备、教学仪器（工具）准备、资料准备，见表5-6。

表5-6 执行系统设计实施准备

场地准备	教学仪器（工具）准备	资料准备
机械设计实训室	粉料压片成型机、绘图工具、计算器	1. 李敏．机械设计与应用．北京：机械工业出版社，2010。 2. 封立耀．机械设计基础实例教程．北京：北京航空航天大学出版社，2007。 3. 粉料压片成型机使用说明书。 4. 粉料压片成型机安全技术操作规程。 5. 机械设计技术要求。

2. 实施任务

依据计划步骤实施任务，并完成作业单的填写。执行系统设计作业单见表5-7。

表5-7 执行系统设计作业单

学习领域	机械设计与应用		
学习情境5	机械系统方案设计	学时	8学时
任务1	执行系统设计	学时	4学时
作业方式	小组分析，个人解答，现场批阅，集体评判		
1	机械设计的一般程序有哪些？		
作业解答：			

2	如何选择机械系统的机构类型？

作业解答：

作业评价：

班级		组别		组长签字	
学号		姓名		教师签字	
教师评分		日期			

5.1.6 检查评价

学生完成本学习任务后，应展示的结果有完成的计划单、决策单、作业单、检查单、评价单。

1. 执行系统设计检查单（表5-8）

表5-8 执行系统设计检查单

学习领域	机械设计与应用			
学习情境5	机械系统方案设计		学时	8学时
任务1	执行系统设计		学时	4学时
序号	检查项目	检查标准	学生自查	教师检查
1	任务书阅读与分析能力，正确理解及描述目标要求	准确理解任务要求		
2	与同组同学协商，确定人员分工	较强的团队协作能力		
3	资料的查阅、分析和归纳能力	较强的资料检索能力和分析总结能力		
4	机械系统的分析能力	机械执行系统分析正确		
5	常见问题分析诊断能力	问题判断准确，处理得当		
检查评价	评语：			
班级		组别		组长签字
教师签字			日期	

2. 执行系统设计评价单（表 5-9）

表 5-9　执行系统设计评价单

学习领域	机械设计与应用							
学习情境 5	机械系统方案设计				学时			8 学时
任务 1	执行系统设计				学时			4 学时
评价类别	评价项目	子项目	个人评价	组内互评				教师评价
专业能力（60%）	资讯（8%）	搜集信息（4%）						
		引导问题回答（4%）						
	计划（5%）	计划可执行度（5%）						
	实施（12%）	工作步骤执行（3%）						
		功能实现（3%）						
		质量管理（2%）						
		安全保护（2%）						
		环境保护（2%）						
	检查（10%）	全面性、准确性（5%）						
		异常情况排除（5%）						
	过程（15%）	使用工具规范性（7%）						
		操作（分析设计）过程规范性（8%）						
	结果（5%）	结果质量（5%）						
	作业（5%）	作业质量（5%）						
社会能力（20%）	团结协作（10%）	对小组的贡献（5%）						
		小组合作配合状况（5%）						
	敬业精神（10%）	吃苦耐劳精神（5%）						
		学习纪律性（5%）						
方法能力（20%）	计划能力（10%）							
	决策能力（10%）							
评价评语	评语：							
班级		组别		学号		总评		
教师签字			组长签字		日期			

任务 5.2 传动系统设计

5.2.1 任务描述

传动系统设计任务单见表 5-10。

表 5-10 传动系统设计任务单

<table>
<tr><td>学习领域</td><td colspan="6">机械设计与应用</td></tr>
<tr><td>学习情境 5</td><td colspan="4">机械系统方案设计</td><td>学时</td><td>8 学时</td></tr>
<tr><td>任务 2</td><td colspan="4">传动系统设计</td><td>学时</td><td>4 学时</td></tr>
<tr><td colspan="7">布置任务</td></tr>
<tr><td>学习目标</td><td colspan="6">1. 能够进行传动系统的方案设计。
2. 能够进行原动机选择。</td></tr>
<tr><td>任务描述</td><td colspan="6">进行粉料压片成型机传动系统的方案设计。工作条件和要求：用粉料压片成型机将粉状原料压制成片坯，其压片成型工艺动作分解如下：
1. 移动料筛至模具的型腔上方，将上一循环已经成型的片坯推出（卸料），并准备将粉料装入型腔。
2. 振动料筛，将粉料装入型腔。
3. 下冲头下沉一定深度，以防止上冲头下压时将粉料扑出。
4. 上冲头下行，进入型腔。
5. 上冲头下压，下冲头上压，将粉料加压并保压一定时间。
6. 上冲头快速退出，下冲头随之将成型片坯推出型腔并停歇，待料筛推进到型腔上方时推出片坯，下冲头随之下移，开始下一循环。</td></tr>
<tr><td>任务分析</td><td colspan="6">传动系统位于原动机和执行系统之间，将原动机的运动和动力传递给执行系统。它还起着如下重要作用：实现增速、减速或变速传动；变换运动形式；进行运动的合成和分解；实现分路传动和较远距离传动；实现某些操纵控制功能（如启动、离合、换向等）。具体任务如下：
1. 选择传动类型，拟订机械传动系统方案。
2. 选择原动机。</td></tr>
<tr><td>学时安排</td><td>资讯
1 学时</td><td>计划
0.5 学时</td><td>决策
0.5 学时</td><td>实施
1 学时</td><td>检查
0.5 学时</td><td>评价
0.5 学时</td></tr>
</table>

提供资料	1. 胡家秀．简明机械零件设计实用手册（第2版）．北京：机械工业出版社，2012。 2. 李敏．机械设计与应用．北京：机械工业出版社，2010。 3. 封立耀．机械设计基础实例教程．北京：北京航空航天大学出版社，2007。 4. 孟玲琴．机械设计基础课程设计．北京：北京理工大学出版社，2013。 5. 粉料压片成型机使用说明书。 6. 粉料压片成型机安全技术操作规程。 7. 机械设计技术要求。
对学生的要求	1. 能对任务书进行分析，能正确理解和描述目标要求。 2. 具有独立思考、善于提问的学习习惯。 3. 具有查询资料和市场调研能力，具备严谨求实和开拓创新的学习态度。 4. 能执行企业“5S”质量管理体系要求，具备良好的职业意识和社会能力。 5. 具备一定的观察理解和判断分析能力。 6. 具有团队协作、爱岗敬业的精神。 7. 具有一定的创新思维和勇于创新的精神。 8. 按时、按要求上交作业，并列入考核成绩。

5.2.2　资讯

1. 传动系统设计资讯单（表5-11）

表5-11　传动系统设计资讯单

学习领域	机械设计与应用		
学习情境5	机械系统方案设计	学时	8学时
任务2	传动系统设计	学时	4学时
资讯方式	学生根据教师给出的资讯引导进行查询解答		
资讯问题	1. 机械中主要传动类型和特点是什么？ 2. 拟订机械传动系统方案的一般原则是什么？ 3. 传动系统的设计过程是什么？ 4. 如何选择原动机？ 5. 创新设计的主要方法有哪些？		

资讯引导	1. 问题1可参考信息单信息资料第一部分内容和李敏主编的《机械设计与应用》第264—265页。 2. 问题2可参考信息单信息资料第一部分内容和李敏主编的《机械设计与应用》第264—265页。 3. 问题3可参考信息资料第二部分内容和李敏主编的《机械设计与应用》第266页。 4. 问题4可参考信息单信息资料第三部分内容和李敏主编的《机械设计与应用》第266—269页。 5. 问题5可参考信息单信息资料第四部分内容和李敏主编的《机械设计与应用》第270—272页。

2. 传动系统设计信息单（表5-12）

表5-12 传动系统设计信息单

学习领域	机械设计与应用		
学习情境5	机械系统方案设计	学时	8学时
任务2	传动系统设计	学时	4学时
序号	信息资料		
一	传动类型的选择		

1. 传动类型和特点

（1）按传动的方式分类

1）机械传动。利用机构所实现的传动称为机械传动。其优点是工作稳定、可靠，对环境的干扰不敏感，缺点是响应速度较慢、控制欠灵活。

机械传动按传动原理不同可分为啮合传动和摩擦传动两大类。啮合传动传动比恒定、传递功率大、尺寸小（链传动除外）、速度范围广、工作可靠、寿命长，但加工制造复杂、噪声大、需安装过载保护装置；摩擦传动工作平稳、噪声小、结构简单、容易制造、价格低、有吸收冲击和过载保护能力，但传动比不稳定、传递功率较小、速度范围小、轴与轴承承载大、寿命较短。

2）液压、液力传动。液压传动是利用液压泵、阀、执行器等液压元器件实现的传动；液力传动是利用叶轮通过液体的动能变化来传递能量的传动。

液压、液力传动的主要优点是：速度、转矩和功率均可连续调节；调速范围大，能迅速换向和变速；传递功率大；结构简单，易实现系列化、标准化，寿命长；易实现远距离控制、动作快速；能实现过载保护。缺点是：传动效率低，不如机械传动精确；制造、安装精度要求高；对油液质量和密封性要求高。

3）气压传动。以压缩空气为工作介质的传动称为气压传动。

气压传动的优点是：易快速实现往复移动、摆动和高速转动，调速方便；气压元件结构简单，适合标准化、系列化，易制造、易操纵；响应速度快，可直接用气压信号实现系统控制来完成复杂动作；管路压力损失小，适于远距离输送；与液压传动相比，经济且不易污染环境，安全、能适应恶劣的工作环境。缺点是：传动效率低；因压力不能太高，故不能传递大功率；因空气的可压缩性，故载荷变化时，传递运动不太平稳，排气噪声大。

4）电气传动。利用电动机和电气装置实现的传动称为电气传动。

电气传动的特点是传动效率高、控制灵活、易于实现自动化。在传统系统中作为动力源的电动机虽仍在大量应用，但已出现了具有驱动、变速与执行等多重功能的伺服电动机，从而使原动机、传动机构、执行机构朝着一体化的最小系统发展。

（2）按传动比和输出速度的变化情况分类

1）定传动比传动。输入与输出转速对应，适用于执行机构的工况固定，或其工况与原动机对应变化的场合。

2）变传动比有级变速传动。一个输入转速可对应于若干个输出转速，适用于原动机工况固定而执行机构有若干种工况的场合，或用于扩大原动机的调速范围。

3）变传动比无级变速传动。一个输入转速对应于某一范围内无限多个输出转速，适用于执行机构工况很多或最佳工况不明确的情况。

4）变传动比周期性变速传动。输出角速度是输入角速度的周期性函数，以实现函数传动或改善动力特性。

2. 拟订机械传动系统方案的一般原则

（1）运动链尽可能简短　采用简短的运动链，有利于降低机械的重量和制造成本，也有利于提高机械效率和减小积累误差。

（2）优先选用基本机构　基本机构结构简单，设计方便，技术成熟，故在满足功能要求的条件下，应优先选用基本机构。若基本机构不能满足或不能很好地满足机械的运动或动力要求时，可适当对其进行变异或组合。

（3）使机械获得较高的机械效率　机械的效率取决于组成机械的各个机构的效率。因此，当机械中包含有效率较低的机构时，就会使机械的总效率随之降低。但要注意，机械中各运动链所传递的功率往往相差很大，在设计时应着重考虑使传递功率最大的主运动链具有较高的机械效率，而对于传递功率很小的辅助运动链，其机械效率的高低则可放在次要地位，而着眼于其他方面的要求（如简化机构、减小外廓尺寸等）。

（4）不同类型传动机构的顺序安排合理　在机构的排列顺序上一般应遵循如下规律：首先，在可能的条件下，转变运动形式的机构（如凸轮机构、连杆机构、螺旋机构等）通常总是安排在运动链的末端，与执行构件靠近。其次，带传动等摩擦传动，一般都安排在转速较高的运动链的起始端，以减小其传递的转矩，从而减小其外廓尺寸。同时也有利于起动平稳和过载保护，而且原动机的布置也较方便。

（5）传动比分配合理　运动链的总传动比应合理地分配给各级传动机构。每一级传动的传动比应在常用的范围内选取。如一级传动的传动比过大，对机构的性能和尺寸不利。当齿轮传动的传动比大于 8 ~ 60 时，一般应设计成两级传动；当传动比在 60 以上时，常设计成两级以上的齿轮传动。

运动链为减速传动时，一般按照“前小后大”的原则分配传动比，这样有利于减小机械的尺寸。

(6) 保证机械的安全运转　设计机械传动系统时，必须十分注意机械的安全运转问题，防止发生损坏机械或伤害人身的可能性。

二　传动系统的设计

传动系统方案设计可根据执行机构所需要的运动和动力条件及原动机的类型和性能参数进行。其设计过程如下：

1）确定传动系统的总传动比。

2）选择传动类型。根据设计任务书中所规定的功能要求，执行系统对动力、传动比或速度变化的要求以及原动机的工作特性，选择合适的传动装置类型。

3）拟订传动链的布置方案。根据空间位置、运动和动力传递路线及所选传动装置的传动特点和适用条件，合理拟订传动路线，安排各传动机构的先后顺序，以完成从原动机到各执行机构之间的传动系统的总体布置方案。

4）分配传动比。根据传动系统的组成方案，将总传动比合理分配至各级传动机构。

5）确定各级传动机构的基本参数和主要几何尺寸，计算传动系统的各项运动学和动力学参数，为各级传动机构的结构设计、强度计算和传动系统方案评价提供依据和指标。

6）绘制传动系统运动简图。

三　原动机的选择

1. 原动机的选择概述

原动机选择是否恰当，对整个机械的性能及成本、对机械传动系统的组成及其繁简程度将有直接的影响。当采用电动机、液压马达、气动马达和内燃机等原动机时，原动件做连续回转运动；液压马达和气动马达也可做往复摆动；当采用油缸、气缸或直线电动机等原动机时，原动件做往复直线运动。有时也用重锤、发条、电磁铁等作为原动机。

2. 电动机的选择

在满足生产机械技术性能的前提下，优先选用结构简单、工作可靠、价格低廉、维修方便、运行经济的电动机。一般可根据工作负荷的大小、性质、工作机的特性和工作环境等，选择电动机的类型、结构、功率、型号等。

(1) 电动机的类型、结构形式　电动机是机械中使用最广的一种原动机，根据电源种类（交流或直流）、工作条件（环境、空间位置等）以及负荷性质、大小、起重特性和过载情况等选择。

(2) 电动机的功率　电动机的功率 P_0 为

$$P_0 \geqslant \frac{P}{\eta_{总}}$$

式中　$\eta_{总}$——由工作机到电动机的总效率；

P——工作机所需的功率（kW）。

(3) 电动机的转速　电动机的转速由传动总传动比和工作机转速决定。

(4) 电动机的主要技术数据和尺寸　查阅资料获取电动机的主要技术数据和安装尺寸，为应用到机器中提供必要数据。

四	机械创新

1. 机械创新的基本原理

（1）综合创新　综合是将研究对象的各个方面、各个部分和各种因素联系起来，从总体上把握事物的本质和规律。综合创新是运用综合的创新功能去进行新的创造，如由摩擦带传动技术和链传动技术综合而成的同步带传动。

（2）逆向创新　逆向创新也称反向探求，是从构成要素中对立的另一方面来思考，以寻找解决问题的新途径和新方法。例如法拉第根据导体通电产生磁效应这一现象，运用逆行思维反向探求，“能否用磁产生电呢”？通过大量的实验从而发现了电磁感应现象。

（3）还原创新　还原创新是回到事物的根本和出发点进行研究的方法。例如打火机的发明，把最本质的功能——发火功能抽提出来，把摩擦发火改变为气体或液体做燃料的打火机发火。

（4）移植创新　移植创新是借用其他学科领域的技术成果来开发新产品的方法。例如在设计汽车发动机的化油器时，移植了香水喷雾器的原理。

（5）分离创新　分离创新是把某创造对象分解或离散成多个要素，然后抓住关键要素进行设计创新的方法。例如组合机床、组合夹具等均是分离创新原理的应用。

（6）价值优化创新　价值优化创新是设计具有高价值产品的方法。

2. 机械创新的主要方法

（1）联想类比法

1）联想法。大脑受到刺激后会自然地想起与这一刺激相类似的动作、经验或事物，利用联想思维进行创造的方法。

2）类比法。类比法是分析、比较两个对象之间某些相同或相似之处，从而认识事物或解决问题的方法。

3）仿生法。仿生法是从自然界获得灵感，并将其应用于人造产品中的方法。

（2）分析列举法

1）系统设问法。系统设问法针对事物的不同方面，系统地列举出问题，然后逐一加以研究，多方面进行拓展，从而使人产生新的设想。

2）形态分析法。形态分析法是一种系统搜索和程式化求解的创新技法。

3）列举法。

① 属性列举法是通过列举、分析特征，应用类比、移植、替代、抽象的方法变换特征，获得发明目标的方法。

② 缺点列举法是通过列举缺点，揭示问题进行创新的方法。

③ 希望点列举法是通过列举研究对象被希望的特征而发现目标的方法。

（3）群体集智法

1）头脑风暴法。头脑风暴法又称智力激励法，是由美国创造学家奥斯本提出的一种激发创造性思维的方法。头脑风暴法是一种通过会议的形成，让所有参加者在自由愉快、畅所欲言的气氛中，自由交换想法或点子，并以此激发与会者创意及灵感，以产生更多创意的方法。

2）书面集智法。书面集智法是以笔代口的默写式智力激励法，包括卡片集智法、“六三五”法。卡片集智法通过与会者口念写有个人意见的卡片，然后综合他人意见，将新的看法写于另一卡片，最后综合整理全部卡片，得出创新方案。“六三五”法通过 6 个人在一起，针对有关问题，每人提出 3 个方案，每 5 分钟交换一次，互相启发、补充，得出新想法。

5.2.3 计划

根据任务内容制订小组任务计划，简要说明任务实施过程的步骤及注意事项，将计划内容等填入传动系统设计计划单，见表5-13。

表5-13 传动系统设计计划单

学习领域	机械设计与应用				
学习情境5	机械系统方案设计			学时	8学时
任务2	传动系统设计			学时	4学时
计划方式	由小组讨论制订完成本小组实施计划				
序号	实施步骤			使用资源	
制订计划说明					
计划评价	评语：				
班级		第　　组	组长签字		
教师签字			日期		

5.2.4 决策

各小组之间讨论工作计划的合理性和可行性，选定合适的工作计划，进行决策，填写传动系统设计决策单，见表5-14。

表5-14 传动系统设计决策单

学习领域	机械设计与应用					
学习情境5	机械系统方案设计				学时	8学时
任务2	传动系统设计				学时	4学时
方案讨论					组号	
方案决策	组别	步骤顺序性	步骤合理性	实施可操作性	选用工具合理性	原因说明
	1					
	2					
	3					
	4					
	5					
	1					
	2					
	3					
	4					
	5					
	1					
	2					
	3					
	4					
	5					
方案评价	评语：（根据组内的决策，对照计划进行修改并说明修改原因）					
班级		组长签字		教师签字		月 日

5.2.5 实施

1. 实施准备

任务实施准备主要有场地准备、教学仪器（工具）准备、资料准备，见表5-15。

表5-15 传动系统设计实施准备

场地准备	教学仪器（工具）准备	资料准备
机械设计实训室	粉料压片成型机、绘图工具、计算器	1. 李敏．机械设计与应用．北京：机械工业出版社，2010。 2. 封立耀．机械设计基础实例教程．北京：北京航空航天大学出版社，2007。 3. 粉料压片成型机使用说明书。 4. 粉料压片成型机安全技术操作规程。 5. 机械设计技术要求。

2. 实施任务

依据计划步骤实施任务，并完成作业单的填写。传动系统设计作业单见表5-16。

表5-16 传动系统设计作业单

学习领域	机械设计与应用		
学习情境5	机械系统方案设计	学时	8学时
任务2	传动系统设计	学时	4学时
作业方式	小组分析，个人解答，现场批阅，集体评判		
1	如何选择机械系统传动类型？		
作业解答：			

2	如何选择电动机？

作业解答：

3	如何进行机械创新？

作业解答：

作业评价：

班级		组别		组长签字	
学号		姓名		教师签字	
教师评分		日期			

5.2.6 检查评价

学生完成本学习任务后，应展示的结果有完成的计划单、决策单、作业单、检查单、评价单。

1. 传动系统设计检查单（表5-17）

表5-17 传动系统设计检查单

学习领域	机械设计与应用			
学习情境5	机械系统方案设计		学时	8学时
任务2	传动系统设计		学时	4学时
序号	检查项目	检查标准	学生自查	教师检查
1	任务书阅读与分析能力，正确理解及描述目标要求	准确理解任务要求		
2	与同组同学协商，确定人员分工	较强的团队协作能力		
3	资料的查阅、分析和归纳能力	较强的资料检索能力和分析总结能力		
4	机械系统的分析能力	机械传动系统分析正确，传动机构类型选择正确		
5	常见问题分析诊断能力	问题判断准确，处理得当		
检查评价	评语：			
班级		组别		组长签字
教师签字			日期	

2. 传动系统设计评价单（表 5-18）

表 5-18　传动系统设计评价单

学习领域	机械设计与应用		
学习情境 5	机械系统方案设计	学时	8 学时
任务 2	传动系统设计	学时	4 学时

评价类别	评价项目	子项目	个人评价	组内互评				教师评价
专业能力（60%）	资讯（8%）	搜集信息（4%）						
		引导问题回答（4%）						
	计划（5%）	计划可执行度（5%）						
	实施（12%）	工作步骤执行（3%）						
		功能实现（3%）						
		质量管理（2%）						
		安全保护（2%）						
		环境保护（2%）						
	检查（10%）	全面性、准确性（5%）						
		异常情况排除（5%）						
	过程（15%）	使用工具规范性（7%）						
		操作（分析设计）过程规范性（8%）						
	结果（5%）	结果质量（5%）						
	作业（5%）	作业质量（5%）						
社会能力（20%）	团结协作（10%）	对小组的贡献（5%）						
		小组合作配合状况（5%）						
	敬业精神（10%）	吃苦耐劳精神（5%）						
		学习纪律性（5%）						
方法能力（20%）	计划能力（10%）							
	决策能力（10%）							
评价评语	评语：							

班级		组别		学号		总评	
教师签字			组长签字		日期		

参 考 文 献

[1] 李梅. 机械设计分析与实践 [M]. 北京：高等教育出版社，2010.

[2] 李敏. 机械设计与应用 [M]. 北京：机械工业出版社，2010.

[3] 封立耀. 机械设计基础实例教程 [M]. 2版. 北京：北京航空航天大学出版社，2007.

[4] 胡家秀. 机械设计基础 [M]. 2版. 北京：机械工业出版社，2009.

[5] 周智光，王盈. 机械设计基础 [M]. 北京：化学工业出版社，2011.

[6] 庞兴华. 机械设计基础 [M]. 北京：机械工业出版社，2009.

[7] 李国斌. 机械设计基础 [M]. 北京：机械工业出版社，2010.

[8] 杨可桢，程光蕴，李仲生. 机械设计基础 [M]. 5版. 北京：高等教育出版社，2006.

[9] 孙桓，陈作模. 机械原理 [M]. 7版. 北京：高等教育出版社，2006.

[10] 闻邦椿. 机械设计手册 [M]. 5版. 北京：机械工业出版社，2010.

[11] 段志坚，徐来春. 机械设计基础习题集 [M]. 北京：机械工业出版社，2012.

[12] 邹积德. 机械制造基础 [M]. 北京：机械工业出版社，2012.

[13] 王增荣. 机械设计基础 [M]. 北京：机械工业出版社，2012.

[14] 柴鹏飞. 机械设计基础 [M]. 2版. 北京：机械工业出版社，2012.

[15] 王志平. 机械创新设计 [M]. 北京：机械工业出版社，2013.

[16] 胡家秀. 简明机械零件设计实用手册 [M]. 2版. 北京：机械工业出版社，2012.

[17] 金清肃. 机械设计课程设计 [M]. 武汉：华中科技大学出版社，2007.

[18] 德国联邦职业教育研究所. 借助学习任务进行职业教育：学习任务设计指导手册 [M]. 刘邦祥，译. 北京：机械工业出版社，2010.

推荐阅读书目和资料

[1] 宋宝玉，张锋. 机械设计学习指导 [M]. 北京：高等教育出版社，2012.
[2] 梁锡昌. 机械创造方法与专科设计实例 [M]. 北京：国防工业出版社，2005.
[3] 翁海珊. 第一届全国大学生机械创新设计大赛作品集 [M]. 北京：高等教育出版社，2006.
[4] 王晶. 第二届全国大学生机械创新设计大赛决赛作品集 [M]. 北京：高等教育出版社，2007.
[5] 王晶. 第三届全国大学生机械创新设计大赛决赛作品集 [M]. 北京：高等教育出版社，2010.
[6] 王晶. 第四届全国大学生机械创新设计大赛决赛作品集 [M]. 北京：高等教育出版社，2012.
[7] 黄华梁. 创新思维与创造性技法 [M]. 北京：高等教育出版社，2007.
[8] 胡飞雪. 创新思维训练与方法 [M]. 北京：机械工业出版社，2009.
[9] 曲柄压力机的传动机构设计. 丽水职业技术学院毕业设计论文. 2012.
[10] 张景学. 机械设计基础精品课. 国家精品课程资源网（http：//www. jingpinke. com/）
[11] 压力机使用说明书.